# 感受爱

## 在亲密关系中获得幸福的艺术

[美] 珍妮·西格尔（Jeanne Segal） 著

任楠 译

机械工业出版社
CHINA MACHINE PRESS

图书在版编目（CIP）数据

感受爱：在亲密关系中获得幸福的艺术 /（美）珍妮·西格尔（Jeanne Segal）著；任楠译. —北京：机械工业出版社，2018.7（2024.6重印）

书名原文：Feeling Loved: The Science of Nurturing Meaningful Connections and Building Lasting Happiness

ISBN 978-7-111-60454-9

I. 感… II. ① 珍… ② 任… III. 幸福—通俗读物 IV. B82-49

中国版本图书馆 CIP 数据核字（2018）第 149577 号

北京市版权局著作权合同登记　图字：01-2018-1133 号。

Jeanne Segal. Feeling Loved: The Science of Nurturing Meaningful Connections and Building Lasting Happiness.

Copyright © 2015 by Jeanne Segal.

Simplified Chinese Translation Copyright © 2018 by China Machine Press.

Simplified Chinese translation rights arranged with BenBella Books through Bardon-Chinese Media Agency. This edition is authorized for sale in the Chinese mainland (excluding Hong Kong SAR, Macao SAR and Taiwan).

No part of this book may be reproduced or transmitted in any form or by any means, electronic or mechanical, including photocopying, recording or any information storage and retrieval system, without permission, in writing, from the publisher.

All rights reserved.

本书中文简体字版由 BenBella Books 通过 Bardon-Chinese Media Agency 授权机械工业出版社在中国大陆地区（不包括香港、澳门特别行政区及台湾地区）独家出版发行。未经出版者书面许可，不得以任何方式抄袭、复制或节录本书中的任何部分。

## 感受爱：在亲密关系中获得幸福的艺术

| | |
|---|---|
| 出版发行： | 机械工业出版社（北京市西城区百万庄大街 22 号　邮政编码：100037） |
| 责任编辑： | 朱婧琬 |
| 责任校对： | 殷　虹 |
| 印　　刷： | 保定市中画美凯印刷有限公司 |
| 版　　次： | 2024 年 6 月第 1 版第 18 次印刷 |
| 开　　本： | 147mm×210mm　1/32 |
| 印　　张： | 7.375 |
| 书　　号： | ISBN 978-7-111-60454-9 |
| 定　　价： | 59.00 元 |

客服电话：（010）88361066　68326294

版权所有·侵权必究
封底无防伪标均为盗版

# 赞誉

任何人都可以从本书中受益。西格尔博士不仅解释了原理，还给出了方法。她从几十年来心理学和生物学对人类情绪和情感的研究中提取精华。但是请不要被本书的科学基础吓倒。这是一本颇具吸引力的读物。西格尔博士抚慰但不会骄纵我们。她精确地告诉人们如何对自我和他人更加开放。如果你遵从她给出的方法，就能以更自然的态度意识到自我的情绪、情感。此外，你还能学会如何让生活更加充实和令人满意。

——迈克尔·克雷格·米勒（Michael Craig Miller），
哈佛医学院医学博士

压力大？感觉空虚？那么，这本书就是为你写的！本书是一件令人着迷的瑰宝！西格尔博士带我们认识了让生活令人满意的核心因素，并且给了我们一些具体的工具，让大家可以从不堪重负、无意义的存在状态转变成真正拥有感觉被爱的能力。游走于字里行间时，我们会被她自己和其他人的故事所感动，这帮助我们理解自己如何陷入了当前的境地。此外，她还会一步一步地指引我们，并且加入了许多其他的免费资源，帮助我们维护这种新发现的被爱的感觉。

——马丁·格伦（Marti Glenn）博士，
圣巴巴拉研究生院前系主任

只是希望自己做出改变并不够，我们还需要获得可以做出真实改变的工具。本书是西格尔博士赠予我们的礼物，它整合了脑研究领域的最新研究发现，向我们展示出压力会对生活造成什么影响，以及我们可以做些什么来用爱替换压力。西格尔博士用温暖的笔触、引人入胜的文风为我们指引道路，提供工具，让人们可以做出真正的改变，到达许多人梦寐以求的港湾——感觉被爱。我会将本书放在身边，不时查阅。

——玛戈特·温彻斯特（Margot Winchester），
纪录片、电影和电视制作人

## 译者序 — Feeling Loved

# 愿爱相伴

　　和许多人一样，我会时常浏览自己关注的微信订阅号文章，期望从中找到一些解决困惑的方法。标题党的诞生不无道理，比如我就是那种会根据标题选择读还是不读的读者。有一天，因为工作原因，我想从某个公众号中找一些有用的素材，于是逐个浏览了其中的文章标题。在这个过程中，我忽然发现自己选择阅读文章的规律是专门寻找那些为我关注的某个烦恼或难题提供简单几步解决办法的文章。然而读了这么多解决办法，那些让我感到焦虑、沮丧、困惑的问题仍然没有解决。翻译《感受爱》时我忽然感觉醍醐灌顶，正如作者所言，总想用过分简单的方法来解决复杂的问题其实是一种会给自己带来压力的习惯。比如想通过几篇公众号的文章就整理出这一生应该怎样过，就是想用简单办法解决复杂问题的典型。

　　说到复杂，爱可说是人间极复杂的情感了。热恋的快乐、失恋的痛苦、天伦之乐、丧亲之殇……这些与爱相关的体验让我们感受到爱在生命中的分量。在《感受爱》一书中，作者总结了大量的科学研究成果，并结合自己四十多年的临床经验指出，对我们的情绪造成影响的并非是否拥有爱，而是能否感受到爱。"我们感觉被他人所爱时所处的状态与其他情感都不一样，它能使人感到快乐、平静、专注和放松。感觉被爱是一种强大的体验，它能让人在面对挑战时顶住压力，有助于从困境中复原。"

尽管感觉被爱就像空气和水一样是人的基本需求，但人们的一些习惯和做法却会妨碍自己对爱的感受，比如服用不适当的药物、过度依赖电子设备、缺乏面对面的沟通等。翻译完本书不久，朋友圈忽然开始流行一个新词——佛系。这让我回想起书里对选择性5-羟色胺再摄取抑制剂（SSRI）类抗抑郁药（比如百忧解）的介绍："这些药物的目的是钝化脑中的情绪通路，所以服用这些药物的人情绪会减少。"也就是说，对于服用这种药物的抑郁症患者而言，虽然悲伤的情绪会减少，但令人愉悦的情绪也会减少，可以说是很佛系了。作为笑谈，"佛系"一词也许能吸引不少阅读流量，因为很多受过挫折的年轻人都很向往这种看似洒脱的超然状态，然而在爱的领域，表面上的宁静却潜藏着巨大的隐患。情绪的钝化会使人感受到爱的能力也随之降低，服用SSRI类药物也许可以缓解抑郁症状，然而无法感受到爱的危害并不比抑郁症小。这又一次说明，试图靠简单的办法来解决复杂的问题可能并没有走在正确的道路上。西格尔博士还在本书中详细论述了其他一些妨碍人们感受到爱的情形，读者不妨亲自探索一番。

在和本书的编辑讨论译稿时，编辑谈到了之前颇受关注的年轻人

"爱无能"现象。各类与心理学相关的作家和学者发表了许多对这一现象的解读。许是因为受过爱情的伤，许是因为物质财富，许是因为自我中心……一些人不能或不愿再付出爱，也不再期待被他人所爱。表面上他们似乎找了一种自我保护的办法，但是读完《感受爱》你会发现，无数的事例证明，回避爱并不能解决任何问题，反而是大量心理问题的根源。爱，这无法躲避的尘世烦扰。

随着信息技术的发展，互联网、智能设备、社交网络已经成了人们生活的重要组成部分。然而在社交软件中添加了大量好友就代表我们不孤独吗？越来越清晰、流畅的视频通信工具真的可以代替面对面的交往吗？沟通中的非言语信息比说了什么更重要，这是一种迷思吗？西格尔博士通过对大量真实案例的观察发现，社交软件一直在线反而会让人难以体察自己的情绪，从而也就无法意识到自己需要改变。然而"只有当我们发现是什么让人感觉不好的时候，才能开始寻找好的感觉。"

意识到应该改变并不代表你一定会采取行动。平均而言，全世界的受教育程度正在不断提升。理性思考能力的提升无疑在人类的进步和发展过程中发挥着巨大的推动作用。随着社会财富水平的提高，理性思考与感性体验之间的比例开始越来越悬殊。专注于思考却忘记了体验会将人与人隔绝开来，会让生活充满压力。压力和体温一样，一旦超出正常范围，就会成为正常生活的阻力。在非正常状态下想要感受到爱更是难上加难。然而这一切并非无解，《感受爱》一书不仅详细描述了与爱相关的问题根源，而且提供了实用的练习方法，让我们能掌控自己的压力，以更平静的心态去审视自己的情绪情感，让人们学会如何让他人感受到爱，也感受到他人的爱。

  感谢本书的策划编辑邀请我翻译本书。对我而言，这不仅是一次语言的转换过程，更是跟随作者深度体验自己的情绪情感之旅。能力有限，未能尽传作者本意的情形难以避免，望读者海涵、指正。愿各位读者能和我一样，从《感受爱》一书中获益良多。

  愿我们一直有爱相伴。

任楠

2018 年 8 月

# 目录

译者序

引言　人人都需要爱，人人都可以拥有爱　/ 001

## 第一部分　充实的生活与空虚的心

因为有了智能设备和互联网，所以我们生活的充实程度超越了以往任何一个时代。尽管我们的生活看上去被填得很满，与周围世界的联系也很紧密，但我们与自己的情绪和感受之间的联系越来越少，压力也越来越大。我们似乎在人际关系和自我之间失去了平衡，只剩下空虚的心，此外还有最重要的，剩下一种不被人所爱的感觉。

第 1 章　感觉被爱是一种什么样的体验　/ 015

第 2 章　用情感联结战胜压力　/ 036

## 第二部分　在获取我们所需要的爱时存在哪些障碍

情感就像胶水一样，可以让人们建立有意义、令人满意的联结。如果我们所做的选择淡化了情绪意识，那么就更难认可和理解他人，也很难与他人建立关系。爱别人与感觉被爱是一个社会化的情感过程。

第 3 章　对于复杂的问题，药物可能并不是一种轻松的解决办法　/ 058

第 4 章　虚拟世界的联结可能造成更严重的隔绝　/ 073

第 5 章　想得太多会导致爱得不够　/ 089

## 第三部分　用爱替换压力的工具

我们既要体察艰难和伤痛的感受，也要关注那些可以带来欢乐的感受，这样一点一滴的感受都能让我们更理解自己。学会让压力和情绪保持在舒适的平衡范围内，可以让自我探索的过程变得更加愉悦。当我们专注于当下的体验时，就会发现生活中有许多小事能让人感受到愉悦与爱。

第 6 章　管理当下的压力　/ 109

第 7 章　一种冥想方法：就算是在恐惧时也能保持心智觉知　/ 127

第 8 章　用于改变的工具组合　/ 145

## 第四部分　如何践行感觉被爱的科学

每个人接纳和关注的需求程度各不相同，但差异并不一定会破坏人与人之间的关系。当我们开诚布公地说出不同的需求时，这些需求就变成了机遇，让人们更加理解彼此，关系更紧密。尽管我们的需求不同，但所有人都需要被爱的感觉。

第 9 章　在紧张的工作关系中保持开放的沟通渠道　/ 165

第 10 章　解决因不同需求而产生的冲突　/ 170

第 11 章　在紧张的家庭关系中重建联结　/ 176

第 12 章　当记忆消失的时候仍然保持亲密的关系　/ 180

总结　无论在何种环境下都能感觉被爱　/ 185

感受爱的工具："驾驭野马"冥想法文本　/ 191

致谢　/ 206

参考文献　/ 207

引言

# 人人都需要爱，人人都可以拥有爱

你是否有过这种感觉，身边的人给予并收获着爱，自己却像个局外人一样只能旁观这一切？这感觉好像天堂就在你眼前，却有一道上锁的大门将你拦在外面，让它可望而不可即。与此相似，在你热望和渴求爱的体验时，却好像有一道壁垒横在自己面前。告诉你一个秘密：这种感觉并非出自想象，而你也不是唯一一个拥有这种感觉的人。科学研究表明，渴望被他人所爱是一种真实并且普遍存在的感觉，只是这种愿望并非总能实现。有时我们所做的一些事甚至会妨碍自己感受到他人的爱，但也不是无药可救。脑科学和早期儿童发展方面的研究以及心理学中情感领域的新进展为我们指明了一条道路，引领我们去寻找自己所需的答案。

20世纪90年代曾出现过大量涉及早期儿童发展和心理学的脑科学研究。研究者发现，如果婴儿感觉到自己被他人所爱，这种感觉会对其脑部发展产生深刻的积极影响。还有研究证明，感觉被爱对人的生理机能也会产生有益的影响，它会提升适应能力，滋养神经和免疫系统，让我们能以更好的状态面对生活的挑战。由此我们也不难相信，许多孤独、悲伤、愤怒和焦虑的感觉反映出的是我们在无法感受到他人的爱时所产生的空虚感。爱的力量如此强大，难怪几千年来，艺术家、诗人以及科学家都对如何得到爱这一主题热情不减。

随着对脑的深入了解，我们发现了更多具体的证据可以证明人类具有深刻的社会和情感属性。我们不仅需要感受到他人对我们的爱，而且必须确定那些我们所关心的人也能感受到爱。给予和获取爱是让许多人都感到苦恼的事，这让人不禁怀疑，了解自己的需求与了解如何满足这种需求之间存在着巨大的鸿沟。然而，实际上这道鸿沟并没有人们想象的那样难以逾越。因为如今我们已经认识到脑是可以改变的，我们可以发展出新的思维、感受和行为方式。人们在社会属性和情感属性方面都可以做出一些改变，从而让生活焕然一新。

不幸的是，即使想要做出改变，我们也会面临阻碍。我们有一些会给自己带来压力的习惯，它们会阻挡通往改变的道路，让人感觉一事无成。还有那些快节奏的生活方式，人们在其中受到各种技术的干扰，而且总想用过分简单的方法来解决复杂的问题，这些都无法满足我们真正的需求。在我刚刚成为治疗师的时候,脑还是一种神秘的事物,因此要想克服上述障碍并不是一件容易的事。而如今,在现代科技的帮助下,我们已经看到了希望的曙光,脑科学可以帮助人们做出改变或者优化习惯,尤其是在感受他人的爱意方面,可以改善我们与生俱来的能力。

不过即使没有坚实的科学证据,早期的一位来访者也向我展示过这种影响力。我在一位名叫莫妮卡的女士身上看到了一种力量,它让我认识到,感觉被他人所爱会对生活的方方面面都产生非比寻常的影响。

### 一位得到爱情滋养的女人

莫妮卡那时大约35岁,她身材娇小却充满活力。她从小就一直患有糖尿病。我和她相识是因为她参加过我领导的一个糖尿病患者支持小组。有一天,她提出想私下和我见面。

莫妮卡当时有一个长期的恋爱对象,而她想在这段关系中做出一些抉择。她的父母一直都很焦虑,想要保护她,他们认为安宁而平静的生活对女儿来说是最好的选择,因此莫妮卡并没有多少恋爱的经验。她的男朋友比她大5岁,他对莫妮卡似乎并不是特别感兴趣,对她的要求也不多,这让莫妮卡开始质疑自己对男友以及对这段关系的感受。我鼓励莫妮卡对男友开诚布公,并且开放心态去接受一些新的恋爱可能性。

几周过去了,正当我开始好奇莫妮卡怎么样了的时候,接到了一个她的医生打来的电话,内容让我感到震惊。他告诉我说莫妮卡病倒了，目前在医院里。她的许多器官都开始衰竭，估计将不久于人世。医生请我去看望她，帮助她做好最坏的准备。

我当时的工作对象中有一些临终的癌症病人，因此已经习惯了去医院看望濒死的人。然而对于莫妮卡这种探访，我却并没有什么经验。当我走进她的病房时，她正坐在床上挂着点滴，对于一个快要死去的人来说，她的状态看上去是很不错的。看见我进屋，她把食指压在嘴唇上并示意我关门。

"你肯定猜不到发生了什么事。"她对我说道，"我遇到了相爱的人！"

莫妮卡告诉我，她和男友分手了，并且最近遇到一个名叫菲利普的人，这个人在她病倒后还不断来医院看她。我睁大双眼坐在那里，吃惊地听她讲述着这一切。菲利普会花时间听莫妮卡说话，与她一起谈笑风生，他会问她一些问题并且全神贯注地听她回答。这段新的恋爱关系中最好的部分就是，无论是医院还是莫妮卡的病，似乎都没有让菲利普感到恐惧或退缩。他有一位最亲爱的姐姐，她大部分生命都是在生病中度过的，因此菲利普已经习惯了面对这些医疗方面的挑战。和菲利普谈得越多，莫妮卡就变得越投入、越兴奋。她告诉我说，在两天之前，她还贿赂了值夜班的护士，挂着点滴、推着输液架，搭电梯去了医院的停车场。尽管听起来不可思议，但莫妮卡在菲利普的汽车后座上来了一回激情性爱，这对她来说还是第一次。

那天晚上我开车回家时就确信莫妮卡的生命还没有终

结,而后来的事实也证明我是对的。她最终离开了医院,并且在几个月后和菲利普结婚了。我再也没有见过她,但在之后的几年,她通过明信片向我诉说了自己的近况。莫妮卡和菲利普在加利福尼亚州威尼斯的运河附近买了一套小房子,并且去了很多地方旅行。他们甚至去了一些发展中国家度假,考虑到她过去的健康状况,这一点还是挺让我惊讶的。的确,她后来又病倒过,但每一次都会康复,并坚定地去拥抱让她感到充实的生活。对莫妮卡来说,与严重的疾病相比,她所得到和给予的那种滋养心灵、激发活力的爱对她的幸福感具有更强的影响力。

莫妮卡的例子让我们认识到,生命可以因为感受到爱而发生巨大变化。而她的生命不仅发生了变化,还得到了拯救。由于自身条件的限制,他们两人除了互相交流之外,能做的事情不多,而菲利普对于全面了解莫妮卡这件事展现出了极大的热情。他想了解她的感受和想法,而他那带着赞许的专注和鼓励则让莫妮卡感受到了深刻的理解和尊重。有生以来第一次,莫妮卡懂得了什么是被爱的感觉。

莫妮卡的经历让我开始更仔细地审视那些向我求助的男男女女遇到了哪些问题。多年来,我见过许多不同种族、不同社会经济背景的个体、情侣和家庭,他们向我诉说过各种各样的问题,还有这些问题带来的抑郁、焦虑、低产、不开心、难受、伤感。尽管所面对的问题各有不同,但这些人有两个共同的特点:他们都感受到了巨大的压力,并且没有人感觉自己被他人所爱。

有时夫妻中的一方或者家庭中的一员感觉自己所爱的人并不爱自己，而对方坚称这并非事实。尽管有些时候我能够理解为什么他们没有感受到爱，但也并不是总能看出来。有些人之所以感受不到爱，似乎是源于他们无法感受到任何事，无论是好还是坏。许多这样的人似乎都专注于去思考那些已经发生的事、可能会发生的事或者本来可以发生的事。他们对于这些想法太过投入，以至于错过了对当下的体验。

## 情绪意识与情感关系在生活中的作用

我在攻读博士学位时，参加过加州大学洛杉矶分校的一个实验项目，这个项目所面对的是一些快要走到生命终点的癌症病人。它所侧重的"整体健康"在当时还是一个新概念，这个概念让我们能以更宽广的视角来看待健康问题。参加这个项目对我来说是一次非常合适的机会。我和丈夫罗伯特当时为人本主义心理学协会筹办过一些颇受欢迎的大会，我们在这些会议中已经开始探索整体健康的主题。

我很认同这种更宽广的健康视角，它甚至影响了我的职业发展方向。在我所参与的那些干预环节中，包含了许多20世纪六七十年代发展出来的新理论和新疗法。这些事情让人很兴奋。有时我们的一些工作对象并没有走向死亡，而是又继续存活了六七年，这种情况让我们尤为开心。因为如此，我也获得了一个研究项目，主题是探索这些干预手段与病人存活率之间的关系。

我们走过弯路也碰过壁，但最终还是发现了病人的情绪、压力与他们的生存能力之间存在的关联。有些病人能够认识到自己的感受,他们接受这些情感,并且在决策过程中利用这种情绪意识。与那些无法意识到自己感受的病人相比,这类病人通常能做出更好的决策,并且存活的机会也更大。尽管我们无法解释为什么会存在这种关联,但我了解到情绪是一项很重要的因素,而压力有可能让情绪意识变得不那么敏锐。

## 寻找有关情感联结的问题答案

我开始研究如何降低病人的压力以及增强他们的情绪意识,并开发出一种基本的冥想模式。通过这种方法可以教会病人如何意识到自己的情绪体验以及如何与这种体验舒适相处,哪怕有时这种体验并不让人感到愉快。我把自己对于情绪如何影响健康的理解集结成册,出版了我的第二本书《超越恐惧的生活》(Living Beyond Fear)。

在20世纪80年代,制药行业开始主导心理健康领域,这让我对践行心理治疗失去了兴趣。那时我相信那些可以改变情绪的药物能够帮助人们恢复健康。但是对于大多数心理健康问题而言,它们并没有产生长期的效果。之后到了90年代,大量的脑科学研究和技术开始涌现出来。当我看到自己对情绪的理解与新兴的情绪智力领域存在关联时,我开始深入探索这一主题。根据自己的研究成果,我写了两本书,主题分别是情绪智力以及它与情绪意识之间的关系。

在千禧年临近之时,我开始对情绪健康的获得和缺失越来越感兴趣。在洛杉矶,我组织过两次社区会议,主题是"从神经元到邻里间",一些该领域的领军人物在会议中就这一主题参与了讨论。这对于普通大众和相关领域的从业人员来说都是一次好机会,人们通过这种讨论可以了解关于脑发展、压力和创伤领域中的最新研究进展。

在吸收所有这些信息的过程中,我对情绪和压力水平如何影响心理健康问题这一领域有了更多的了解。此外,对于脑的自我改变能力以及我们对这种改变的干预能力,我也有了新的理解。在观察、应对和帮助他人的过程中,我发现自己也发生了一些改变,这种变化的程度是我以前从未想过的。

## 对于我个人心路历程的反思

我的父母都是好人,今时今日我绝对不会怀疑他们爱我。但当我还是一个孩子的时候,我觉得自己没有人爱。那时我父母都在努力工作,全心全意为我的幸福着想;他们为我和妹妹做了自己所能做的一切,但我们两人都没有感受到所需的那份爱。我通过抽离自己的感情和观察周围的事物度过了困境。我开始注意其他人还有大自然,当我感到孤独的时候就会拿起画笔,通过长时间的绘画聊以慰藉。

如果说作为一名幼童,我已经算得上某种程度的孤单和寂寞的话,那么到了十几岁的时候,这种情况就更为明显了。那时老师们都很喜欢我，但我在同学中并不受欢迎。我很害羞，不过要是有什么事让我受到伤害或委屈，我会不遗余力地让人明白我的感受。作为一个既有魅力又很严肃的学生，我受到了不同人的关注，但这种注意力对我来说一直没有什么意义。我渴望着某些未知的东西，希望它们能让我感到安全和完整，并且试图在书本中找到它们。但我又不清楚这些东西是什么，更不知道该如何得到它们。因此我不断搜寻。

幸运的是，我有机会在许多事物中放纵自己的好奇心。开始的时候我关注文学和艺术，后来又醉心于精神、心理以及我们与自我之间的关系。上大学时，我发现自我这个主题太过狭隘，于是就转到了社会学专业。很快我就开始作为婚姻与家庭咨询师和社会工作者开始引导一些女性的团体治疗，并提供一些培训。

20世纪90年代脑科学研究与技术发展的高峰期，我遇到了自身心理健康的最大挑战。1996年，多种抗抑郁药和一些其他药物也没能让我可爱的女儿战胜抑郁症，反而使她的情况变得更为糟糕，最终她结束了自己的生命。这件事让我之前相信的所有事以及我撰写的所有内容都受到了考验。在接下来的4年里，我每天都感到悲伤，而使我得以继续生存下去的原因是我完全接纳了这种悲伤。有一天，我对自己说："如果我的余生都将伴随这种感受，那么就顺其自然吧。"这次经历让我变得更强大、更具智慧，也比以往更加坚定地去完全接纳自己的生活。女儿的死也让我认识到，被他人所爱与感受到他人的爱之间是有差距的。我女儿摩根·莱斯利的家人和所有认识她的人都深深地爱着她，但我认为她并没有感受到自己被人所爱。

为了保留对女儿的回忆，我和丈夫罗伯特创立了一个非营利性质的心理健康网站，helpguide.org 于 1999 年上线。之所以创建这个网站，是因为我们相信如果当初能有公正、可靠的信息为摩根·莱斯利带来希望、指明方向，那么她的悲剧本来是可以避免的。自那时起，这个网站从加利福尼亚州圣莫尼卡市的一个小项目发展成了一项在国际上受到认可的资源，每年为 6500 万访问者提供服务。在 helpguide.org 发展的过程中，我对世界各地的人每天醒来所面临的挑战也有了更多的了解。这些挑战大部分都源于我们想要感受到爱以及让那些我们所关心的人感受到爱。

我之所以撰写本书，是为了帮助那些无法感受到被他人所爱的人。我的目标是让读者体验到这种感受，并将它分享给别人。

这是一本多层次的书，它以十几种学科为基础，帮助读者区分什么是被他人所爱，而什么是感受到被他人所爱。本书除了提供一些工具帮助你认识这种区别，还会分析为什么许多人会错过感受到被他人所爱这种重要的体验。

本书的另一个目标是激励你采取行动，这一点很重要。但是在行动之前，你不仅需要了解自己在追求什么以及为什么要追求这件事，而且需要了解是什么样的习惯和预设阻碍了你。要想变得更好，就需要替换旧的生存方式，采纳新的、更加富有成效的经验。本书就像一本指南，开篇会介绍为什么感觉被爱对健康和幸福都至关重要，此外也会提供一些工具和其他资源，帮助读者实现这一目标。而在解释目标与提供解决方案之间还有一部分是指出一些常见的障碍，它们会使改变的过程放缓或停滞。有时我们没能做自己想做的事，主要原因就是我们一直在忙着做其他事。

　　本书的第一部分解释了为什么我们感受到自己被他人所爱对健康和幸福至关重要；第二部分描述了一些可能阻碍我们感觉被爱的习惯和预设；第三部分提供了一些工具和其他资源，让体验到他人的爱成为你生活中一直存在的一部分；最后的第四部分展示了一些范例，让你了解在实际行动中，这些工具是什么样子的。

　　无广告的非营利网站 helpguide.org 和本书之间也有关联。我把本书与网站联系在一起，意图有二：第一是让读者在克服挑战和改善生活时得到更多的启迪和信息；第二是提供一套完整的按步骤指导项目，并辅以音频和视频支持。

　　最后需要指出的是，尽管本书是为非专业读者撰写的，但它的基础却是几十年的科学研究成果，参考文献中列出了其中的一部分。

珍妮·西格尔博士

○ 第一部分

# 充实的生活与
# 空虚的心

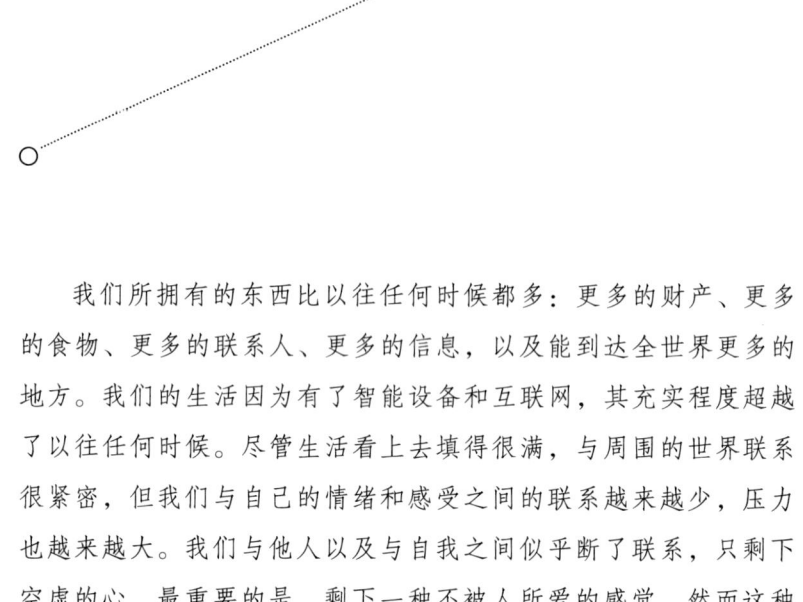

　　我们所拥有的东西比以往任何时候都多：更多的财产、更多的食物、更多的联系人、更多的信息，以及能到达全世界更多的地方。我们的生活因为有了智能设备和互联网，其充实程度超越了以往任何时候。尽管生活看上去填得很满，与周围的世界联系很紧密，但我们与自己的情绪和感受之间的联系越来越少，压力也越来越大。我们与他人以及与自我之间似乎断了联系，只剩下空虚的心，最重要的是，剩下一种不被人所爱的感觉。然而这种困境并没有超出人类的控制能力，对此我们还是可以采取一些行动的。一旦知道被他人所爱是一种什么感觉，并且明白到底是什么限制了我们无法体验到这种感受，那么对于那些有心学习新技能的人来说，感觉被爱就是一个可以实现的目标。

# 第 1 章

# 感觉被爱是一种什么样的体验

爱与恐惧是对生活最有影响力的两种重要情绪。我们每天的感受、思维和所做的事都会受到二者之一的驱动。这两种情绪都会产生反射性的生物反应。当我们感到害怕时，一系列激素会自动让我们感到愤怒、想要逃跑或不知所措。当我们感觉到被爱的时候，则会产生其他一些激素，让人觉得安全和愉快。一方面，感觉被他人所爱会让快乐充盈，因为我们觉得受到了保护，心灵和思维都处于接纳和开放的状态；另一方面，恐惧会让人封闭自己，剥夺生活中的积极情感，压抑身体，局限思维。

我们感觉被他人所爱时所处的状态与其他情感都不一样，它能使人感到快乐、平静、专注和放松。感觉被爱是一种强大的体验，它能让人在面对挑战时顶住压力，有助于从困境中复原。感觉被爱并不是一道关于"拿走还是留下"的选择题；它是一种生物需求，就像食物和水一样，如果缺乏就会渴求。如果感觉不到他人的爱，本能就会告诉我们生活中少了一些重要的东西。

如今有那么多人感觉孤单，这说明恐惧正在逐渐掌控我们的生活。尽管与以往相比，我们有了更高级的技术手段、更丰富的娱乐生活以及更多与他人联络的机会，但感觉生活正在萎缩，而不是扩展。无论是个体还是整个社会，人们都愈发感到困扰。超过半数的已婚人士以离婚告终，很多人甚至离过不止一次婚。有一半的人单独一个人生活，其中很多人并非出于自愿。每四个美国人中就有一人表示他们无人倾诉。这些孤单、分离的感觉以及情绪上的压力都更加让人感觉自己不被他人所爱。我们的一些兴趣和习惯虽然能够缓和自己的恐惧，却也会妨碍我们获取那些自己想要也需要的爱，这会让那些为了感受到他人的爱所付出的努力都付诸东流。

要想感受到他人的爱，需要我们具备与情绪沟通的能力。有些技能可以帮助我们培养这种能力，如果能将其应用于实践，收获到的将是对爱的感受，不仅仅是现在，还有你未来的人生。要学会这些技能，第一步就是理解当我们感受到爱时会有什么样的体验，以及为什么这种感觉难以辨认，也难以为人们所珍视。

## 我们需要爱，但不知道如何获得爱

我们都希望生活中有爱，但常常不知道如何寻找和维持这种情感。原因之一就是尽管我们想要爱，但对于爱究竟是什么感觉没有足够的认知。我们不知道自己需要做些什么才能感受到爱或者让我们所关心的人感受到爱，不明白为什么有时会做出非常错误的选择，也不知道为什么我们似乎难以做出正确的选择。我们完全没有看到自己所做的一些事损害了爱与被爱的能力。在下面的故事中，莉比、奥斯卡和凯伦都是渴望被爱的人，但他们不知道应该去寻找什么，或者说他们因为太恐惧而无法让自己感觉被爱。

> **没有看到爱的女人**
>
> 莉比成长在一个大家庭中，家人对她兴趣不大，只觉得她是一个非常漂亮的孩子。她还在蹒跚学步时就已经开始只靠微笑、眨眼睛和装害羞来引起别人关注了。这种习惯变得根深蒂固，她长大成人后还是用同样的方式与男性相处。不过一位名叫彼得的男子觉得莉比的优点远不止漂亮这一项，短暂的恋爱之后他们就结婚了。莉比从来没想过彼得除了在意自己的长相，还会真的关心她对自己和周围世界的感受。因此她继续专注于自己的外表，尽力做关心家庭物质需求的好妻子、好母亲。但由于她没有寻求情感联结，家里没有人感受到他们所需要的爱，她与彼得以及孩子们的关系则因此受到伤害。

### 因为恐惧而无法体验到爱的男人

奥斯卡是由一个又一个保姆带大的,保姆数量真的不少。结果就是他成了一个紧张而充满戒备的孩子,害怕亲密关系。他更愿意关注精巧的机械,而不愿意与人打交道。他虽然很聪明,却没有安全感,无法信赖他人。因为他们家很有钱,所以他认为人们喜欢他都只是因为他的钱。他在30多岁的时候环游过世界,拜访了各种宗教场所,一直在寻找更大的安全感和心灵的宁静。

奥斯卡的妻子与他的社会地位相当,但这段婚姻最后还是以离婚告终,这让他变得更加恐惧亲密关系。后来在一次帮助贫困儿童的慈善活动中,他遇到了一个名叫弗朗西斯的女子,她发现了奥斯卡的情绪问题,但也看到了他的善良与仁慈。这是奥斯卡人生中第一次感受到被他人所爱,并且相信有人爱他。开始时,他们一起开心地旅行和探索世界,但不久之后,奥斯卡过去的不安全感就开始控制他的想法。他害怕弗朗西斯嫁给他只是因为他的钱,无视弗朗西斯的关心和忧虑,从身体上和她保持距离。弗朗西斯尝试了许多年,想让奥斯卡感受到她的爱,却徒劳无功。他仍旧难以亲近,她最终放弃了努力,两人还是离了婚。

> ### 认识不到爱的女人
>
> 凯伦的母亲是一个酒鬼,这让她的童年充满混乱与创伤。有时她的母亲温柔且满怀爱意,但有时又会尖叫着说凯伦又笨又没用。在凯伦高中毕业离开家之前,她的继父一直在尽力保护她。但母亲造成的伤害实在是太深了,因此凯伦在现实世界中缺乏自信一点儿也不奇怪。为了弥补这一点,她只能逼自己做一个聪明人,付出比常人更多的努力。
>
> 她的第一份工作是文员,想要证明自己的这股热情帮助她在一年之内就做到了管理岗位。公司中有许多男人都想和凯伦约会,但她一直与这些人保持距离,直到遇见了托尼。这是凯伦人生中第一次开始放松自己,卸下防备。托尼用自己的自信、魅力和英俊的外表征服了凯伦。但由于凯伦几乎没有过与人相爱的关系,因此没能注意到托尼的许多行为和她的母亲非常相似。几杯酒下肚,托尼就会开始像凯伦的母亲一样变得刻薄而讨厌,但直到和托尼结婚之后,凯伦才意识到这一事实。

像莉比、奥斯卡和凯伦这样的人都渴望感受到爱,却因为不知道自己要寻找的是什么,或者因为太过恐惧而根本没有去寻找,所以错过了摆在自己眼前的机会。有些人觉得自己的经历和上面的这些故事很像,但并不是所有人都明白自己到底是因为什么而没能体验到情感上的满足。我们只能认识到,"更多"感觉起来却像是"更少"了。

## 为什么"更多"感觉起来却"更少"

当我们没有得到自己所需的东西时,"更多"就会让人感觉"更少"。当我们沉浸于追求自己想要的东西而不去管那些我们需要感受的事物时,就有可能同时感受到满足与空虚。

就像你会去吃没有营养的东西、喝不能解渴的饮料一样,有可能你与别人在形式上有联系,但感受不到与他们的真正联系。你可能在网上有几百个好友,但如果这些关系不能让你感觉安全和有价值,那么你就不太可能感到满足。你可能会关心他人,也会得到他人的关心,但体验不到自己所需要的被人珍视的感觉。

## 从哪里看出我们没有感受到爱

用语言来描述感受是一件很难的事,尤其是空虚或渴望的感受。但通过回答一些具体问题,也许就可以揭示出我们缺失的是什么。如果你在午夜时感到心烦,是否有可以联系和倾诉的人,这个人是否不仅会倾听你的诉说,还会真正关心你的感受,并且愿意提供帮助?你的配偶或伴侣愿意跟你说话吗?还是说他会翻个身跟你说"睡觉吧"?如果你一个人住,是否有人在你心情低落时会到你身边安慰你,在你感到兴奋时和你一起庆祝?是否有人让你感到信任,和他在一起让你觉得安心?你确定那些你所爱的人真的能感受到你的爱吗?他们知道你欣赏他们真实的样子吗?如果你对这些问题的回答都是"否",那么你或者那些你所关心的人就可能没有体验到被爱的感觉。

## 被爱与感觉被爱不是一回事

被爱与感觉被爱不一样。有人关心自己和感觉到有人关心自己不是一回事。你可以照顾某些人，关怀和帮助他们，但如果你的脚步太快，或者不知道如何建立情感上的联结，那么你就不会体验到被爱的感觉。有些人可以不辞辛劳地满足你的每一项物质和智力需求，却完全没能注意到你的情感需求，因此也无法满足它们。如果他们不看你，就不会知道你感觉很难过。如果他们听不出你的挫折与恐惧，就很有可能会做一些让你更加愤怒或害怕的事。在这种情况下，你可以意识到有人关心自己，却没有被爱的感觉。如果没有那些可以传达情感上的理解与联结的面部表情和肢体语言以及其他一些非言语线索，你就无法感受到爱，情感上无法得到满足，而且许多科学研究都解释了这其中的原因。

## 需要体验到积极情感联结的科学依据

几个世纪以来，爱的主题一直吸引着许多艺术家、诗人以及音乐家。但直到最近，科学家们才开始注意到感觉被爱这一情感体验。许多学科现在都开始关注为什么我们需要通过感觉到被爱来与他人产生情感联结，它们对健康和幸福感有什么好处。对于为什么与他人的积极情感联结对身体和情绪都很重要，生物化学、神经科学、早期儿童发展、心理学、心理健康、心脑关系研究等各种各样的学科都发现了一些原因。

## 感觉被爱：神经科学与早期儿童发展的研究发现

脑科学开始关注儿童早期感觉被爱的情感体验，这引发了一个全新的研究领域：儿童早期发展研究。在20世纪90年代，脑科学的研究和技术发现了一个惊人的事实，与身体中其他器官的细胞不同，脑细胞之间的联结在很大程度上是无序的。还有一点同样让人感到惊讶，而且非常重要，那就是脑的组织结构会反映出婴幼儿与母亲或其他主要看护者之间的经历。因此，可以说人脑深刻地依赖于社会关系，并且终生都对非言语的情绪社交线索很敏感。

脑科学研究表明，与身体的其他器官不同，脑在一生当中都可以产生新的细胞，与其他细胞形成新的联结。脑的这一特征让我们在旧有的脑结构不完美甚至有缺陷的情况下，有机会建构健康的新神经结构。

人类终生都有可能产生积极的脑部变化，了解这一点使得研究早期儿童发展对成年人而言变得尤为重要。全球各地的研究都告诉我们，人自诞生之日起就需要一种特殊的关系来让自己感到安全、快乐，从而茁壮成长。这种安全关系的特征就是看护者与婴儿之间有一种非言语的情感交流，通过这种交流，婴儿会觉得自己可以被人看到、可以被人理解，也会被人珍视。实际上，芝加哥伊利诺伊大学脑-身体研究中心的前任主管史蒂芬·波格斯（Stephen Porges）博士最近的一项研究得到了广泛的认可，他指明了我们为什么需要这种相互的、非言语的情感体验，不仅仅是刚出生的时候需要，而是终生都需要。

### 感觉被爱是压力的天然解药

根据自己的研究结果，波格斯重新定义了由迷走神经控制的自主神经系统。他声称这一神经系统拥有两条而非一条反应路径。其中我们最熟悉的是比较原始的爬行动物分支，这一分支负责因恐惧或焦虑而激发的自动化战斗、逃跑或僵直/固定反应。然而，波格斯还发现了另一条新的分支，它会对因为感到危险而产生的压力做出反应。只有那些依赖自然和社会关系生存的动物才具有这一分支。

这第二条"少有人走的路"的最大特征就是具有社交参与性，并且与包括眼、口和中耳在内的面部有关。这条神经通路会寻找和理解非言语的表情和声音，这些表情和声音来自附近那些能传达安全信息和提供慰藉的人。它还与心血管系统以及脑中与情绪相关的部位有关联。这条社交通路的功能还包括减轻压力，其运作方式让我们可以终止旧有的通路和策略。当这条通路接收到它准备接收的安全和认可信号时，战斗、逃跑或僵直反射就会被迫终止。对于人类而言，只有在相对较新且社会化性质较强的结构运作失败时，原始的系统才会被激活。为了避免旧有的自动化反应，我们的思维会保持清醒，情绪也会保持正常状态。

多重迷走神经理论清楚地解释了为什么感觉被爱是一种重要的体验——不仅是对婴儿而言，整个人生都是如此。为了控制压力，保持思维和情绪正常运行，我们需要感觉到被他人所爱。当受到威胁、筋疲力尽或者觉得被压垮时，感到被他人所爱可以让我们感觉完整而放松。在那些被看到、听到以及可以在心里感觉到的情绪线索的帮助下，非言语的交流可以中和压力。痛苦的感觉可以被那些让我们恢复放松状态的感觉所替代。转瞬之间，我们就可以从激动转变为放松。感觉被爱是压力的天然解药。

**积极心理学为感觉被爱提出了充分的理由**

积极心理学研究的是什么能够真正让人们感到幸福。其研究结果发现，大部分我们认为能够带来幸福的事物，实际上都做不到！许多人告诉自己说："只有等我找到一份好工作、有钱了、有了一个好情侣、与合适的人结婚、有了孩子，我才会幸福。"他们还告诉自己说，之所以感到不快乐，是因为他们的梦想没有成真，或者因为他们太老了、身体太差了。

积极心理学中没有一项研究证明持久的幸福感与上述任何因素有关。而已经得到验证的一项事实就是，让人们感到幸福的是与他人之间令人愉快的交往，而且这种幸福不仅仅是当下或短期的幸福。尽管有时我们不这么认为，但这仍然是事实。举例而言，如果人们被问到旅行的时候是愿意一个人坐着还是和旁边的人聊天，他们会说宁愿自己坐着。但在检验这一假设的实验中，那些旁边有人的人对旅程的享受程度比单独坐着的人要高得多。就算我们认为自己不需要他人，但其实我们还是需要。

幸福感以及它的持续性效应可能与以下两点有关：一是在有他人陪伴时我们感到压力减轻，二是参与对话通常会让我们专注于当下。但是除了压力消失和避免胡思乱想之外，积极的社交环境还让我们有机会体验到参与感、欢笑、趣味以及其他一些积极情绪。

## 情绪智力的研究强调感觉被爱的重要性

情绪智力无论是被划分在智力研究的范围之外还是之内，我们都可以清楚地看到，这方面的研究通过改善直觉、创造性和绩效，为我们的工作和专业生活增添了价值。毫无疑问，那些与他人拥有良好合作关系、能够激励他人发挥自己最佳水平的人，就是那些能够体验到积极情绪并且知道如何让他人感觉被爱的人。由于这些人具有联结自我与他人情绪的能力，因此他们可以管理好自己的压力以及与他人之间关系的压力。这反过来又激励他们以及与他们共事的人保持平静、清晰地思考，发挥创造性并且提高工作产出。

情绪智力强调情绪意识与情绪管理的价值，它为我们带来了更广泛的信息和更丰富的体验，让我们在解决问题时可以做出明智的决策。工作中的积极情感联结会减少压力，并且带来更高的工作满意度、幸福感和生产力，这一点无可辩驳。

### 感觉被爱的生物化学过程

一般而言，当我们意识到某一点，而且这一点非常重要时，我们就会在若干学科中发现这一点的真实性，而感觉被爱就是这样一种理念。不但神经科学家、社会学家和心理学家发现了它的价值，化学家也参与其中且有所发现。

100多年前,神经科学家就已经开始从生物化学的角度研究被爱的感觉。他们发现,催产素会促进爱的体验和社交行为。催产素在内分泌系统中的作用起始于母亲怀孕之前,我们出生时仍在继续工作,并且会在生命中持续很长一段时间。这种激素从脑部流向心脏,并且会行遍整个身体,它的作用是减少压力和启动情绪、情感,包括吸引力、钟爱和幸福。

催产素是一种联系情感的激素,或者叫作爱的激素,它会抵消压力激素的作用,比如会让肾上腺筋疲力尽的皮质醇(它会对身体和脑造成损害,而且有时是非常严重的损害)。催产素的受体会参与到许多社交和情绪行为中,这种激素不仅会使人对与自己孩子之间的强力联结做出反应,而且会对与父母、朋友甚至宠物之间的联结做出反应。

表达注意力、理解、赞同和钟爱的非言语的情绪线索会激发催产素。这些线索包括拥抱、亲吻、牵手、凝视某人的眼睛以及其他积极的非言语线索。只有几周大的婴儿就可以做出目光交流和镜像手势,并且可以用微笑和表示愉快的声音参与到这类线索的相互交流之中。一生中,催产素会在我们感觉到被他人所爱时增强愉快、幸福和欢乐的体验。

## 为了感觉到他人的爱,我们需要放慢脚步

匆匆忙忙的情感沟通很少能获得成功。为了能够意识到我们当

下的感受和他人当下的感受，我们需要放慢脚步。感觉被爱以及它所引发的生物反应是由非言语线索激活的，这些信号包括语气、面部表情或者适当的身体接触。与说出口的话相比，非言语线索让我们感觉身边这个人对我们感兴趣，理解并且珍视我们。和他们在一起时，我们会觉得很安全。我们甚至可以看到非言语线索在野生环境中的力量。在逃离了捕食者的追逐之后，动物们通常会用鼻子相互触碰，以此来释放压力。这种身体上的接触可以提供安全感，减轻压力。

的确，语言交流是有意义的，尤其是在与你所爱的人沟通时。但语言的影响力取决于那些没有说出口的内容是否成功地表达了出来，也就是那些无言的交流。如果说话的内容与说话的方式不一致，我们立刻就能感觉出来，而且会变得困惑、充满怀疑。如果一个人说出的话与肢体语言不符，那么我们就不会觉得被这个人所爱。

为了有效地发现非言语线索，我们需要在每时每刻都暂停并关注当下正在发生的事。非言语线索常常来得快去得也快，所以密切关注尤为重要。如果我们太忙碌或者心思被其他事所占据，无法以足够慢的节奏来进行情感沟通，那么就会错过让人感觉被爱的激素在涌动。如果我们无法停下脚步，总是在计划着下一步该干什么，同时完成多重任务，或者只是因为太疲劳而无法集中注意力，那么就会错过感觉被爱或者让他人感觉被爱的机会。从下面的故事中你就可以看到这一点。

### 相爱的夫妇却不知道他们需要做些什么来感觉被爱

玛丽贝尔遇见本时简直无法相信自己居然这么好运。本和她一样，都来自移民家庭，努力工作，喜欢户外活动。很快他们就相爱并结婚了。他们决定专注于本的律师生涯，因此在接下来的几年中，本都会花费很长时间在办公室，忙碌而又有点孤单。但他们很幸福。玛丽贝尔小心地花费每一分钱，并且推迟了构建梦想家庭的计划。本觉得自己得到了很大的支持，并且非常感激玛丽贝尔的牺牲，但当本全身心投入到自己日渐兴盛的法律业务中时，他们之间的亲密感开始渐渐褪色。

随着本的公司业务开始起飞，他赚钱越来越多，但玛丽贝尔能见到丈夫的时间越来越少。他们交谈的时候，本似乎总是在想别的事，很少注视妻子。他总是在奔忙，同时有许多任务要处理，心思和注意力总是在别处。每一件事都围绕着他的工作打转，甚至包括他们的社交生活。一年之后，这对夫妇生了一个男孩，玛丽贝尔开始忙于照顾孩子和打理新房子。大约是从这段时间开始，她变得非常焦虑。她知道有些事情出了问题，生活中少了一些什么，但她不知道是什么。丈夫待她很好，送她精致的礼物，养活她和整个家庭。然而，玛丽贝尔发现自己开始愈发担心某些事，而这些事在过去根本不会困扰她。她觉得自己对生活的热情好像正在消失。医生在听她诉说完这些感受后，给她开了抗焦虑的药物，这让她的忧虑情绪有所缓和，但也让她在做那些平时喜欢的事情时没有以往那么愉快了。两个月后，她开始发胖，于是不再吃那些药了。

　　生活仍旧在继续，本也很同情她，但玛丽贝尔感到自己没有办法放松下来去享受生活，她觉得自己变成了丈夫的负担，也变成了自己的负担。接下来发生了一件事，让他们的生活陷入了困顿：本被诊断出患有癌症。

　　因为肿瘤学办公室为患者和他们的家人提供免费的咨询，而玛丽贝尔觉得即使是为了本，自己也应该做些什么事来应对焦虑，所以她预约了咨询服务。在咨询师的鼓励下，玛丽贝尔描述了她的生活和婚姻。当被问到她是否与丈夫分享过自己孤单和焦虑的感受时，她说自己害怕这些事会给本带来负担，尤其是现在他又生病了。

　　玛丽贝尔没有想过，本可能也怀念他们曾经所拥有的关系。在本接受化疗时，他们二人会面对面地聊天，这让他们有了更多在一起的时间。在这段时间里，玛丽贝尔诉说了自己的悲伤以及渴望他们曾经共同拥有的那种情感上的亲密感。没有了时间压力和工作日程，本放松了下来，并且眼含热泪地承认他也很想念他们曾经拥有过的温柔时刻。

　　本的康复过程变成了他们恢复关系的一次好机会。当本回到他所热爱的工作中时，他会确保给自己和妻子留出专门的时间来过二人世界；早上有轻松的咖啡之约，晚上一起散步，此外他们还开始旅行。在又一次互相分享情感和身体的亲密之后，两人都感到自己被对方所爱。本从癌症中恢复过来，而玛丽贝尔的焦虑也减轻了许多，在现在的生活中拥有了情感上的满足感。

## 感觉被爱发生在当下，发生在面对面的时刻

感觉到被他人所爱是一个超越了"从思想到行动"的过程。它发生在面对面的时刻，发生在你与另一个人之间。与单独靠语言沟通相比，你看待另一个人的眼神和倾听的方式，以及你的动作和反应都会透露出更多有关你的感受的信息，尤其是你对对方的感受。下面所讲的邦尼的故事就向我们展示了如何用非言语线索让他人感觉被爱。

### 让学生感觉被爱的老师

邦尼在18岁的时候成了一名天主教会老师，刚刚上任就接手了一个位于市中心的班级，这个班级由45名一年级学生组成。在没有得到什么指导的情况下，她需要教这些学生阅读和写作。邦尼很紧张，但令她感到惊奇，也令她的女修道院院长惊奇的是，她是一位十分出色的老师，并且热爱在教室中的每一分钟。邦尼很快就成了所有老师都羡慕的对象。她是怎么让45个坐不住的小朋友都静止不动、认真听讲的呢？这么年轻又缺乏经验的一个人，是如何做到不仅控制住而且能吸引住这样一大帮一年级学生的呢？

每次邦尼在倾听孩子的问题或需求时，都会带着真诚的兴趣和好奇。此外，她从不批评、评头论足或者责备学生；邦尼觉得每个学生都值得她给予尊重和全部注意力。很快，班里的每一个孩子都想体验她所给予的全神贯注，而在一天

> 结束的时候，他们全都能体验到。
>
> 　　邦尼说话很平和，她从不提高嗓门，而且会让自己的话语富有表现力并充满情感。坐在后面的学生有时会费点儿力气才能听到老师说话，但这些努力都是值得的。在极少数班级嘈杂或不守秩序的情况下，邦尼会变得更为平和，她会双手合十并靠近下巴，扬起一点头，看上去好像她想要听清所有人的话。很快，正在说话或者不守秩序的孩子就会明白邦尼听到了他们说的所有内容，于是也平静了下来。邦尼的学生体验到的是认可和理解。换句话说，他们之所以热衷于学习，是因为他们感觉被爱。

　　在我还是一个年轻的姑娘时，遇到过心理学家卡尔·罗杰斯（Carl Rogers）和精神病学家伊丽莎白·库伯勒－罗斯（Elisabeth Kübler-Ross），这两位知名的治疗师对我的影响就像邦尼对她学生的影响一样。卡尔和伊丽莎白会花时间注视与他们会面的每一个人，并且会将兴趣和情感专注在这个人身上，这让人感觉放松，也让人觉得对方是理解自己的。这种感觉就好像他们不仅看透了我，而且喜欢他们所看到的。我还记得我和卡尔说话时的情形很有趣，我是一个高大、强壮、精力旺盛的女子，但当时感觉好像我爬上这个虚弱的小个子男人的大腿，把头靠在他肩膀上一样。当然，我并没有这样做，但他让我感觉非常安全，仿佛待在他身边就是一种慰藉，让我体验到被爱的感觉。

## 如果我们没有感觉到被爱,就很难让别人感觉被爱

上面那个故事里提到的邦尼认为让他人感觉被爱是一件很容易的事。每一个和她接触的人都感觉自己很特别、很重要。像邦尼这样的人是很幸运的,他们体验到了爱,也懂得如何把爱传递出去。但并不是每一个人都有这种好运气。许多人都不知道被爱是一种什么感觉,也因为如此,他们很难让别人感觉被爱。玛莎的情形就是这样。

---

### 这个女人不知道如何让她所爱的人感觉被爱

玛莎觉得她那个自我中心的母亲不爱自己,因此在成长的过程中感觉很沮丧。但是她下定决心不能让自己的孩子也经历同样的事,她的孩子要得到所有能让他们感觉被爱的东西。

20多岁的时候,玛莎恋爱并且结婚了。开始组建家庭的时候,她做了自己能想到的所有事来确保自己的孩子感觉被爱。她坚持自然分娩、母乳喂养、组织各种充满欢乐的家庭活动,她还阅读了无数的育儿书籍来了解如何以最好的方式养育健康、快乐、聪明的孩子。但是由于玛莎仍然因为自己那个感觉不到爱的童年而沮丧,所以她并不十分清楚自己的情绪或者孩子的情绪。尽管她为孩子考虑了很多,但没有看到有危险信号正在提示自己:虽然她深爱着每一个孩子,但他们对被爱的感受并不牢固,缺乏自信,与同伴在一起时觉得不安全。

玛莎为孩子的行为所找的理由是"青春期的烦恼",包括

> 儿子的易怒、缺少朋友以及对电子游戏的过度沉迷。玛莎的女儿很小的时候很会跳舞,有很多朋友并且会不断谈论这些朋友。但是长大一些之后,她变得安静、独来独往,每天晚上都把自己锁在房间里。没有一个孩子愿意和玛莎谈论自己的感受。由于玛莎很少关注或理解她自己的感受,所以这一切看上去似乎很正常。
>
> 多年之后,玛莎的儿子在错误的地方寻找真爱,结过两次婚又都离婚了,而那两个女人自身都有着难以处理的问题。他一直因为愤怒问题而备受困扰,几乎没有什么朋友。玛莎的女儿不再跳舞了,体重也增长了不少,她长期抑郁,很少和自己的家人联系。有一天晚上,当玛莎独自坐在电视机前时她终于意识到,尽管自己曾经做出过承诺,但她的孩子在成长的过程中还是没有感受到爱和安全。

尽管我们可能会非常努力地想让那些我们所爱的人感受到爱,但如果我们无法与自己建立情感联结,那么也就无法与他们建立情感联结。而没有这种情感联结,我们就无法进行非言语的交流,也无法让那些为生活带来愉悦与力量的激素发挥作用。不过请放心,建立情感联结与体验被爱的感觉永远不晚。

## 感觉被爱永远也不迟

感觉被爱与年龄无关。我们永远不会因为太老而不能去爱别人。

只要身体健康,关于爱与被爱的鲜活记忆以及那些让我们感觉被爱的人就可以激活催产素。不妨来看看莎拉和萨姆的故事。

---

### 花时间恋爱的情侣

在莎拉和萨姆相遇并且相恋的时候,两个人都已经70多岁了。他们都有各自的子女和孙子、孙女,曾经都有一段长久的婚姻,而各自的配偶也都去世了。尽管他们的配偶人都很好,过去也都非常关心他们,但两个人都没有被爱的感觉,也都没有过充满激情的恋爱关系。遇到彼此之后,他们才在漫长的人生中第一次体验到有人正视他们、有人认真倾听他们讲话、有人关心和理解他们的感受,并且在做爱的过程中投入感情。这对情侣想要结婚的打算让子女们感到震惊,但莎拉和萨姆立场很坚定。他们决定花尽可能多的时间在一起,只要活着就在一起,就算子女反对也仍然要结婚。最终,莎拉和萨姆的家人都很感激二人的相遇,因为这让两个人一直都很健康、忙碌和快乐,子女们完全不必为他们感到担忧。

---

## 为了爱和感觉被爱,我们可以学习新的技能

无论多大年龄,我们都可以了解新的方法、学习新的技能,让自己有能力感觉被爱,也有能力让他人感觉被爱。

根据目前的研究成果我们知道，人不是天生就有能力产生情感联结的。情感联结是一套技能，如果幸运的话，我们在人生的早期阶段就可以学会。但这并不表示只有在婴儿时期才可以学习这套技能，我们在之后的人生阶段中仍然可以学习。就算你现在没有感觉到被爱，或者你从来没感觉过被爱，也可以学习一些让自己感觉足够安全的技能，从而可以与自我及他人建立深刻的情感联结，释放催产素，体验到那些让你可以克服压力、茁壮成长并且找到幸福的爱。

# 第 2 章

# 用情感联结战胜压力

你可能会感到惊讶,但情绪、情感负责很多对我们而言很重要的事:动机、行为、判断力、人格、共情和爱。情感对它们的影响比思维要大。笛卡儿曾说过"我思,故我在",但"我感,故我在"其实才更接近真理。

婴儿时,我们向世界表达身体感觉和情绪感受用的是非言语的方式,这为整个人生中的亲密沟通奠定了基础。每个人一开始的交流都是无言的,以情感线索为基础。我们感觉到饥饿,于是焦虑地寻找那个理解、关心我们的人,他会为我们提供食物。通过沟通,我们从情感上感到安心，甚至在看护者给我们喂食之前就能放松下来，感到安全而满足，产生情感上的联结。

当我们感觉被爱时，这些安全感和亲密感就会在人生中不断增长和深化。作为一个成年人，如果伴侣让我们感觉被爱，那么即使在午夜因噩梦惊醒，他在身边所散发出的安心气息也会让我们立刻感觉很安全，帮助我们重新平静入睡。

与此相似，如果我们听到了可怕的消息，感觉自己快要失控时，一个熟悉的声音、一双关心的眼睛，或者一个让人安心的拥抱都可以帮助我们缓解焦虑、战胜压力。

有一点很重要：这些让我们感觉被爱的安全感并不是一种单一出现的情绪。我们不可能只体验那些令人愉快的情绪，而抛弃那些让人不太喜欢的情绪。这就是为什么在每时每刻与自己的感受保持联结至关重要。我们不能根据自己喜欢什么或不喜欢什么而对想要感受什么情绪挑挑拣拣。情绪、情感，包括那些令我们不太愉快的情绪、情感，就像由人际关系制成的救生圈一样，能防止我们在生活的河流中下沉。正如下面有关拉里的故事所展示的，当我们与情绪、情感脱离联系时，不仅会断开与自我的关系，而且会断开与我们所爱的人之间的关系。

### 这个男人的情绪、情感时开时闭

拉里有许多朋友和爱慕者，因为他是个条件不错的人。

他为人温和、有趣、善良、富有同情心。此外，他还很聪明，常常能在工作或生活中遇到问题时做出明智的决策。但他并非总是如此。当拉里的压力水平处于正常范围时，他就像个人生赢家。然而，承受的压力太大并且感到恐惧时，他的判断力就会受损，常常会做出愚蠢和不恰当的决定。他试图通过收腹、屏气和咬牙切齿来压抑这些威胁的感觉。他的脸会变得通红，并且会愤怒地叫嚷和发泄，跺着脚走出房间并狠狠地摔门而去。这种形象吓坏了他年幼的孩子，也让妻子和其他人感到震惊、错乱和受伤害。之后，当他再次找回控制感时就会对自己的行为感到非常懊悔。

拉里并没有意识到，他越努力回避自己的不良情绪，就会变得越易怒和失控。当他的压力不平衡时，就会启动一种自动化的生存反应，这种反应会关闭自己的推理能力，严重限制他的行为选择。拉里对于自己的失控感到很羞愧，他总是向自己和他人承诺，以后他会变得不一样。尽管他心存好意，也感到后悔，情况却并没有什么变化。如果硬要说发生了变化，那就是模范先生杰基尔博士因为一些小事就变成恐怖又混乱的海德先生⊖的情况越来越多，他的懊悔也不断累积。

这一刻的拉里可能对人关怀备至，下一分钟就变得充满威胁，家人和朋友总是保持警惕，因为他们都不知道他在某一刻会变成什么样子。拉里所爱的人待在他身边时都不能完

---

⊖ 英国作家罗伯特·路易斯·史蒂文森的小说《化身博士》中的人物。——译者注

全放松、感到安全。他很爱自己的家人，也关心生意上的伙伴，但因为拉里的这些行为，他们都感觉不到他的爱和关心。相反，他们都觉得很焦虑，哪怕拉里心情好的时候也是如此。不仅拉里所爱的人感觉不到他的爱，这些反应也妨碍了拉里自己感觉被爱的能力。如果拉里可以与他所试图回避的情绪、情感建立联结，那么他会拥有更强的自控能力，更有能力被爱，也能给予他人更多的爱。

## 情绪是混合出现的

每一种情绪都是有目的的。尽管我们并不欢迎愤怒、悲伤或者恐惧这类的核心情绪，但它们会向大脑提供信息，让我们可以专注于那些保护健康和幸福感的选项。愤怒会产生大量的能量，这些能量会在生命受到威胁的情况下被启用，促使我们采取行动，而且常常可以激发决心和创造力。悲伤会让我们放慢脚步，敞开心怀，信任他人并容忍自己的脆弱，因为这样才能从失落中学习、疗愈和恢复。恐惧表示有危险，它会激发自动化的保命反应，保护我们不受伤害。

情绪在帮助我们维持安全方面必不可少。但如果我们隐藏或者抑制自己的情绪，或者回避自己不喜欢的情绪，那么情绪的目的就会受到阻碍。我们抹杀某一种情绪时，其实是在降低所有情绪的强度，包括那些我们所期望的情绪。

## 就算是最痛苦的情绪也有意义

下面关于克莉斯汀的故事展示出,把不喜欢的感受与消极性关联在一起,是因为我们总是竭尽所能却徒劳无功地回避这些情绪。

> ### 这个女人因为感觉痛苦而幸存下来
>
> 克莉斯汀是一位出色的治疗师,她可以感受到自己的情绪,也可以感受到他人的情绪。在努力尝试受孕七年,最终生下的女儿却是死胎时,她经受了前所未有的悲痛。
>
> 克莉斯汀的悲痛很明显,就像一道很深的伤口散发着灼痛感,整日缠绕着她。她在晚上临睡前所记得的最后一种感受是痛苦,早上起来感受到的第一件事也是痛苦。尽管感到痛苦,克莉斯汀还是强迫自己每天早上都起床、锻炼,然后去上班。此外,她也与深爱自己的丈夫保持着身体和情感上的联结。
>
> 克莉斯汀并没有试图不去体会或者赶走她胸中所感受到的强大的情绪。她知道,几个月来一直伴随她的这种深深的悲伤源自她的哀悼而不是抑郁症。尽管"本来会/本来应该/本来可以"之类的想法总是在她脑中蹦出来,但她不愿意与其纠缠,因为她知道这会消耗自己的能量。克莉斯汀告诉自己,现在悲伤是自己生活的一部分,这感觉就像胸膛中有一袋石头那样沉重。

> 克莉斯汀还有一个惊人的发现。尽管大部分时间她仍然受到悲痛的折磨,但时不时会体验到一些强烈的愉悦感。日出、咖啡的香气、吐司上涂着淡黄油的口感或者丈夫的抚摸,这些简单的事让她感觉非常美妙。她不禁问自己,虽然悲伤非常短暂,却让人如此痛苦,又怎么可能会有这么好的感觉呢?
>
> 随着时间的流逝,克莉斯汀继续体验并接受着自己的感觉。但是那种强烈的痛苦正在逐渐消退,而那些愉快的感觉也开始越来越多地占据她的生活。最终当她再次怀孕的时候,她觉得自己焕然一新,已经准备好了再次投入生活。

这看上去可能有些讽刺,但是通过体验痛苦的情绪,克莉斯汀才得以超越痛苦,继续生活。当情绪可以自由体验的时候,它们就像液体一样流进又流出。每一天,你都会因为看到、读到或者听到什么事而唤起一种强烈的感觉,但如果你不把焦点全部放在它上面,这种情绪就不会持续很长时间,它很快会被不同的情绪取代。当我们知道如何保持情绪的平衡,不执着于自己的感受时,那么哪怕是最痛苦、最让人难以接受的情绪也会平息下来,无法再继续控制你的注意力。

如果我们在情绪令人感到不舒服或者几近崩溃时关闭情绪的开关,那么甜蜜和美好的情绪也将一同被关闭,而这些积极情绪也就无法在面临困难或挑战时支撑我们坚持下去了。那些带来幸福感、欢笑和乐趣的情绪让我们可以克服令人痛苦的障碍。这些令人振奋的感受提醒我们，就算是在最糟糕的情况下，生活也值得过下去。

## 我们感受到的越多，感觉被爱的能力就越强

能够把我们与他人从情感上联结在一起的沟通方式并非只有积极的感受。我们在感到悲伤的时候接受安慰，或者在别人悲伤的时候给予安慰，悲伤的一方就会感受到爱。当我们能感同身受地理解所爱之人的恐惧和愤怒时，也会产生爱的感觉。

我们可以为自己所关心的人做许多事，但如果不用情绪信号将自己的关注和兴趣表达出来，我们的爱就不会产生太大的影响。所谓的共情并非只是由衷地为对方感到高兴，有时我们甚至不需要与对方有一致的感受。

情绪实际上是一种混合物，这就是为什么我们有时感觉良好，有时又感觉很糟糕。此外，限制自己的情绪体验是一种错误的行为，因为让我们失去自我控制的并不是情绪，而是压力。

## 情绪是一回事，而压力是另一回事

我们之所以害怕情绪、不信任情绪，通常是因为相信它会引起不适当的行为。但我们之所以会做出那些让人感到恐惧的恼人举动，

是因为没能管理好压力和那些用来回避情绪的能量。当我们感受到威胁并且无法释放压力时，身体会启动本能的反应，让我们战斗、逃跑或者僵直，很少有其他的选项。而造成那些可怕行为的正是这种本能反应，不是我们的情绪。

## 失去平衡是问题所在

因为过度的压力而引发的愤怒实际上是一种反射，而不是真正的情绪。人类的情绪很复杂，它会在每时每刻不断地变化和流动。一个勇敢的人同样会像其他人一样感到害怕，但他很快就会体验到随之而来的其他情绪，包括关怀与爱，是这些情绪让他感到勇敢。人类的情绪常常也会混杂着不同的感受。举例而言，如果你正在等自己十来岁的孩子，而她本来一个小时之前就应该到家了，那么这时你非常有可能体验到愤怒、恐惧和爱混杂在一起的感觉。愤怒是因为这个孩子没给你打电话，你害怕她是不是发生了什么事，当她终于安全到家的时候你又会感到放心和高兴。人类的情绪要比本能反应微妙和复杂得多。

如果别人表现出情绪失控，我们常常可以看到其影响效果，但无法看到的是他们内心深处的快速变化。当我们花一点儿时间调整自己的压力，面对自己的情绪时，就可以清晰思考、适当行动，就像下面故事中的奥利弗和波比一样。

### 这个男人虽然激动,却能保持冷静

奥利弗的儿子给他打电话说,要是爸爸不给他买辆汽车,他就不再继续上大学。听到这种话时,奥利弗感到难过又愤怒。为了供儿子上大学,他非常努力地工作,而且他很讨厌被人威胁。在奥利弗所成长的家庭中,人们对各种情绪都很包容,因此他并不怕自己发怒。但是他并没有爆发,也没有与儿子对质。相反,奥利弗保持冷静,并且意识到如果儿子需要自己挣钱,他可能会更珍视自己所拥有的金钱。于是他用一种平静而愉悦的声音说道:"那就去退学吧。我不反对。"奥利弗的反应让儿子的威胁落了空,而这个男孩也冷静下来并向父亲道了歉。

### 不害怕恐惧的女人

波比已经将近80岁了,身体也很虚弱。当得知自己在25年前换的人工手肘已经完全损坏了时,她感到很害怕。而在当地的外科医生都拒绝给她这个岁数的人安装新的手肘后,她的恐惧感增加了,但她并没有慌张。她不知道自己应做些什么,于是耐心等待,通过与亲近的朋友待在一起来平息自己的恐惧,因为这些朋友会安慰和支持她。不到一个星期,一位曾经拒绝过她的外科医生给她打了电话,告诉她附近另一个城市中有一位很有名的医生愿意给她做手术。因为被充满爱意的支持所环绕,她以轻松的心情做完了手术,并且又

> 可以继续使用自己的手臂了。
>
> 看到奥利弗和波比,我们可以说他们举止温柔或者性格平和,尽管这种描述也不算精准。他们的反应方式并非源于任何天生的品质,仅仅是因为他们有能力管理好自己的愤怒和压力。

## 没有压力的情绪是一种可以赋予人力量的资源

如今我们对情绪的看法与 50 年前大不相同。现在我们很重视脑中控制情绪的脑区,因为它们提供了自我意识、同情心和知觉。情绪控制着我们的决策、行为和人格。如果丧失了思维的脑区,我们并不会失去自我的身份认同,但失去情绪的脑区就不行了。

## 情绪感受与身体感受之间存在关联

上文中的克莉斯汀,她的孩子出生时就已经死亡,她通过体验而不是逃避痛苦情绪来应对这一创伤。这个女人所感受到的那种身体上和情绪上的灼痛证明,情绪与身体感觉是密切相关的。在我们的身体中,情绪与身体感受之间紧密地合作着;当你体验到一种情绪时,身体上的某个部位很有可能也能感受到,比如胸口发紧或者胃里觉得翻滚。通过关注全身的感觉,我们就可以认识到自己的情绪。此外,理解压力状态下的情绪可以帮助你做出更明智的决策,就像下面的故事所展示的。

### 这个男人通过关注身体感觉救了妻子的命

当肖恩和他的妻子安吉得知她被诊断出患有一种罕见的脑肿瘤时,两个人都觉得心痛欲裂。医生建议他们到另一家顶级医院中去找一位很有名望的神经科医生。

当他们准备好第一次见那位医生时,肖恩可以看出安吉有些不知所措。他们两个人都很害怕,但肖恩知道他在胸口和胃中所感觉到的恐惧实际上可能有助于他集中精神,让他不会浪费能量去想一些更可怕的可能性。他下定决心要在这次会面中调动自己的最佳决策能力。除了认真听医生所说的话,他还倾听着自己身体所体验到的感觉。

当医生跟他们说自己从来没有见过像安吉脑中这样的肿瘤时,看上去是一副胸有成竹、很有自信的样子。他认为这个肿瘤不是恶性的,但只有经过活体组织检查之后才能下定论。不过有一件事这位医生可以确定,那就是他可以切除这个肿瘤。医生说话的某种方式让肖恩觉得喉头和肩膀一紧,他很想迈开腿,立刻离开医生的办公室。肖恩并不确定这是为什么,但他感觉有些事情不太对头。之后他想到了一个问题:如果这个医生连这个肿瘤是什么都不知道,他怎么就能确定自己要对它做什么呢?

肖恩转身对安吉说:"在决定怎么做之前,我希望你能听听别的医生的意见。"当天晚上的大部分时间里,肖恩都在搜索哪些外科医生有对安吉这种类型的肿瘤做过手术的经验。

与第二位医生的会面是一种完全不同的体验。这位医生

> 问了许多问题，并且认真倾听肖恩和安吉的回答。他告诉这对夫妇说，他曾经见过安吉的这种肿瘤，并且也成功切除过，但仍然需要更多的化验结果才能做决定。最后的结果是，肿瘤是良性的，医生并没有切除它，而是决定继续观察它的发展情况。后来的事实证明这是个不错的选择；医生观察了十年，而安吉的情况一直很稳定。

脑中的直觉部分会通过身体的感觉来和我们沟通，但如果我们不注意自己不断变化的情绪体验，那么就很有可能会错过重要的信息。我们面对压力时，很容易就会与身体和情绪的感受断开联结，而如果我们还是尽力回避自己的感受，那只会徒增压力，也更难与身体和情绪保持联结了。

## 是什么在阻碍我们信任情绪体验

我们常常会避免去想或者去讨论情绪。大部分人都想更好地理解自己，也想拥有更好的关系，但当有人在讨论中引入情绪的话题时，对话就会戛然而止；我们要么变得自我防备，要么用笑声或者不恰当的笑话来敷衍。然而在没人的地方，我们会更放心地让愉悦、悲伤或者愤怒流过。不幸的是，这种与情绪之间的联结通常都是稍纵即逝。在现实世界的目光中，我们会压抑这些情绪，于是与它们断了联系。现实情况很可悲，大部分人都不信任情绪。

## 历史和记忆都促使人们不信任情绪

我们之所以对情绪感到尴尬、不确定，既有历史的原因，也有经验的原因。在 200 多年前，教会、社会和文化都认为与理智相比，情感稍逊一筹。当时人们认为情绪反映出的是不成熟的动物性，而思想赋予人们理性，它才是我们之所以为人的原因。当人们举止不当时，他们的情绪是应该受到谴责的，因为这是魔鬼催生出来的。理性带给人们高尚的美德，而情绪总是和自我厌恶联系在一起。

20 世纪 90 年代之前，科学界很少关注脑中与情绪相关的部分。直到那段时间之后，才出现了大量研究反驳以往与脑以及情绪的功能有关的教科知识。不幸的是，要更正存在了几千年的错误思想并不是一朝一夕就能完成的，过程也相当曲折。

除了对情绪持有不准确的信念，许多人还纠结于一些让我们产生害怕情绪的创伤性记忆。通常，这些记忆都发生在小的时候，那时我们的情感都特别脆弱。我们可能因为一次地震或者父母一方情绪爆发而恐惧过，可能经历过家人去世或者遭到过严重的霸凌，又或者因为各种各样的理由觉得生活让人困惑、不安全。如果那时没有人安抚我们，而我们也不知道如何安慰自己，就会觉得情绪让我们受到了伤害，对我们不好。在成长的过程中，我们可能会相信情绪体验是很痛苦的，或者相信关注类似悲伤、愤怒或恐惧这样的情绪是有问题的、不健康的。我们可能会错误地认为只有令人愉快的情绪对自身才是有益的。而基于这些错误的信念，我们会试图建立不真诚的关系，并且相信这种关系会让自己感觉被爱，而事实上根本不会。

## 婴儿时期的经验会影响我们建立情感联结的能力

我们最初感觉被爱的经验发生在婴儿时期，那时我们会与主要的看护者建立情感联结。这第一次爱的经验影响着我们余生的亲密恋爱关系。这其实也是一个相对较新的概念。科学家通过一系列研究发现，婴儿和主要看护者的情感关系与其脑发展之间存在着紧密联系，自此人们开始逐渐理解情绪、情感过程。在《情绪发展神经生物学》(*The Neurobiology of Emotional Development*)一书中，艾伦·肖尔（Allan N. Schore）博士引用的大量研究都指出，情感联结处于一个人的心理、情绪、社会性和身体发展的核心位置。

如果婴儿与主要看护者之间的情感联结可以建立一种在身体上和心理上都很安全的感觉，那么这就是一种安全型的关系。然而并不是所有关系都属于安全型关系。各种与健康和其他环境相关的原因有可能导致主要看护者向婴儿灌输一种不稳定感或恐惧感，而没有给予安慰。在这种情况下，恋爱关系就变成了不安全型，这种情况经常发生。即使是好的情绪，如果在不熟悉的情况下，也有可能看上去像威胁。珍娜和布拉德的故事就向我们展示了这一点。

### 这对情侣的恋爱模式可以追溯到婴儿时期

当珍娜和布拉德分手的时候,一向自认为聪明而且具有洞察力的珍娜问自己,为什么她之前没有从任何迹象中感觉到这件事。直到她坐下来认真思考自己与布拉德的关系时,才意识到这件事其实是有先兆的。在分手之前,两人的目光接触越来越少,在电影或戏剧演到动情之处时布拉德也不像以前一样会爱抚她,他不再缠绵着不想说晚安,也不再谈论他们未来的计划。珍娜一直在继续做这些事,但布拉德已经停下来了。她为什么没有对此说些什么?为什么他也没有?

布拉德的母亲在他婴儿时期爱护并关心着他,只是她太忙、太沮丧、太心烦意乱,没有办法与布拉德进行情感上的沟通。和所有婴儿一样,布拉德也曾试图向母亲传达非言语的情绪信息,但最终还是放弃了,因为母亲一直在忽视他。他不再努力进行情感沟通,依靠屏息、掐自己、转移注意力,他渐渐地调低,最终完全关闭了自己的情绪。布拉德刚遇到珍娜的时候感觉很兴奋,这种感觉也很好。但是当不熟悉的情绪越来越强烈时,他觉得越来越不舒服,感觉受到了威胁,因此需要结束这段关系。

珍娜在婴儿时期也经历过差不多的情况,但她的反应方式完全不同。布拉德通过关闭情绪来适应,最终变成了一个坚强而独立的人,而珍娜总是需要情感上的关爱。她非常容易动感情,而且会避免说出令人痛苦的真实情感,因为这会威胁她的安全感。如果当珍娜第一次感觉到布拉德在退缩的时候就和他当面说清楚,那么他们也许可以一起解决这个问

> 题。但是一旦他逃走，就不再有什么调解的希望了。
>
> 　　布拉德想起两人曾经的幸福时光时也许会怀念珍娜，但除非他愿意努力与自己的所有情绪重新建立联结，否则这种行为模式还是会一次又一次地重复。

许多人可能都很熟悉这个故事。我们全身心地投入一段恋爱关系，并且觉得对方和我们感受一样。我们所爱的人看上去像我们爱他们一样爱我们。然而在毫无预警的情况下，一切突然就结束了。他们的爱没有我们曾经以为的那样深，而且他们想结束两人之间的关系。我们做了什么，还是哪一点没有做到，才造成了这种局面？

## 一种良好的体验可能也会把人压垮

当我们不习惯体验某种情绪，认为它感觉陌生或者不熟悉时，通常就会想要回避它，哪怕这是一种令人愉快的情绪。催产素是一种可以联络感情的激素，而那些会激发催产素分泌的情绪可能会非常强烈，让我们感觉失去了控制。尽管这种失控的感觉可能令人很愉悦，但对于那些不习惯强烈情绪的人来说似乎很可怕。

那些习惯于焦虑或者高度警觉的人在突然感觉良好的时候可能会觉得受到了威胁。比如那些习惯了肥胖的人可能会报告说，一旦减掉体重，他们就觉得不像自己了或者觉得很不舒服。但这并不表示我们无法学会与不熟悉的情绪舒适相处，包括我们喜欢和不喜欢的情绪。

布拉德可能需要费一些工夫才能与自己的情绪重新建立联结，但他是可以做到的。尽管有的人在婴儿时期没有体验过成功的情感沟通，但他们长大后依然可以学会这些技能。不过首先，我们需要学会如何识别和管理压力反应，我们所以为的那些不受控制的情绪其实就是压力反应在背后作怪。

## 不受约束的压力可能会阻碍情绪响应能力

不受约束的压力会激活我们本能的生物反应，这种反应会关闭情绪意识、限制情绪反应，并且让我们做出一些将来会感到后悔的事。压力反应会从愤怒和恐惧中寻找动机，而也正因为如此，我们行为看上去就像是受到情绪控制一样。事实上，这一切只是一种反射性反应，这种反应并不是情绪在胡作非为，而是因为行为者被压力压垮了。为了更好地理解复杂的人类情绪与本能的压力反应之间有何区别，我们先来了解一下压力的性质。

有时，压力是一件好事，它让我们对自己正在做的事情保持活力和兴趣。只有当压力水平失衡的时候才会出现问题。如果压力太低，会让人觉得倦怠和沮丧；如果压力过高，则会激发一系列反应，比如我们会磨牙、变得昏昏沉沉或者很僵硬。当我们感觉安全的时候，会体验到保持平静和清醒所需的压力水平；而当我们感觉受到威胁时，神经系统就会在身体中迅速做出全方位改变，让我们可以通过战斗、逃跑或者僵直来保护自己。当我们感觉无助、没有希望或者害怕的时候，可能会陷入难以摆脱的压力反应中，持续几星期、几个月甚至几年的时间里都处于一种受到创伤的状态。

## 创伤性应激是一种在没有希望与无助的情况下无法做出任何反应的情绪

在几万年的进化过程中，我们的神经系统与充满爱的人际关系一起对抗压力，帮助我们满足生存的需要。然而在当今的世界中，我们所面对的心理威胁要多过身体上的威胁，人类的自我调节系统也开始面临新的挑战。

许多人可能并没有意识到自己究竟承受着多大的压力。除了慢性压力对生活的影响，创伤经历也比我们所意识到的要平常，尤其是童年时期的创伤。当我们还是无助的小孩子时，那些与虐待和疏于照料完全无关的事也有可能造成创伤。比如摔倒或者在体育活动中受伤、外科手术（尤其是在三岁前）、某个亲近的人突然死亡、车祸、某个重要关系的破裂、某次丢脸或者令人失望的经历，或者发现得了某种严重的疾病。创伤性压力会切断我们的情绪流动，于是让人失去了感觉被爱的能力。

## 当压力处于平衡状态时，情绪才能发挥它的保护性作用

当你学会平衡和管理情绪时，就可以防止情绪超出承受范围。通过与身体感觉保持联结，当压力变得极端时，你就可以识别出这

种情况并将其带回平衡状态。一旦你有能力做到这一点，就可以向那些过去感觉有威胁的情绪敞开心胸，并不断与这些情绪保持联结。

要做到这一点，你所需要的是一些适当的工具，它们可以让你快速释放压力，保持与情绪的联结，集中注意力。本书第三部分就为你提供了这样的工具。但在你学习使用这些工具之前，首先需要了解可能会面临哪些障碍。

○ 第二部分

# 在获取我们所需要的爱时存在哪些障碍

本书第二部分讲述的是有哪些常见的行为会妨碍人们给予或获得自己所需要的爱。

我们总是痴迷于找到简单的解决方案来应对那些自古以来都在困惑人类的问题：怎么做才能感觉良好，才能拥有朋友，才能让自己开心？当然，我们需要也想要这些东西，而且想通过没那么复杂的方法来获得这些东西本身也没什么错。但是每个人的问题并不一样，通常也都没那么简单。像服用选择性5-羟色胺再摄取抑制剂（SSRI）类的抗抑郁药来应对轻度或中度抑郁症，或者通过互联网和社交媒体来寻求友谊和爱，这些看似是用来解决问题的方案本身可能就会引发问题。

在这个充满复杂技术的世界中，我们所发展出来的思维习惯和兴趣打破了人类的极限。可是由于我们仍然需要面对面的接触来传达关爱以及让自己感到安全,而那些思维习惯和兴趣无法满足这种需求,因此它们只是在增加人类的压力。随着人们越来越渴望快速的解决方案,生活方式开始变得越来越快,我们对技术的依赖也变得越来越强,最终的结果是我们没有以前开心,也没有以前那样会感到满足。当你所需要的是感觉安全、克服压力以及体验到幸福与满足时,缓慢并且没有那么简单的解决方案也许才能带来更多收获。

# 第3章

# 对于复杂的问题,药物可能并不是一种轻松的解决办法

在20世纪50年代,医疗工作者开始专注于利用药物来攻克抑郁症和其他一些常见的心理健康问题。到1987年时,百忧解开始敲锣打鼓地上市了。它是第一种SSRI,号称比昂贵的长期心理治疗更合算,而且很容易就可以买到。此外,医药公司还声称它可以快速而永久地缓解抑郁症。20年后,全世界有几百万人都在服用百忧解或者其他SSRI,而在美国,每10个人就有1个在服用这种药。

今天我们已经知道，单独靠抗抑郁药很难克服常见的心理健康问题。而且我们也知道，尽管这些药物对严重的抑郁症患者有益，但对于程度轻微一些的抑郁症没什么效果，或者效果可以忽略不计。除此之外，由于这些药物的目的是钝化脑中的情绪通路，所以服用这些药物的人情绪会减少。然而如果情绪变得迟钝，那么人们就更难体验到类似愉悦这种能振奋精神的情绪。有一些身体和情绪上的感觉可以令人感到鼓舞、充满活力。要想感觉被爱，我们就需要体验这些情绪。然而，现在想要识别这些情绪并且重新与它们建立联结变得更难了。

## 没有人应该与抑郁相伴

抑郁并不是一种千篇一律的感受。它有许多不同的形式，但所有形式都有共同的特点，那就是感觉孤单、冰冷、疲惫、没有生气，好像在一个似乎没什么意义和目的的世界里漂流。在抑郁症的黑暗世界里，思想变成了我们用来对抗自己的武器，不停提醒着自己不够好、不值得爱。就算是那些相当轻微的抑郁症，也会让人从情感上和身体上都受到痛苦的折磨。无论男女，对于一些患有抑郁症的人来说，愤怒是唯一的反抗途径，而有时愤怒可以置人于死地，夺走自己或他人的生命。我们都希望能摆脱抑郁的魔爪，这是可以理解的，然而我们所做的选择没有让事情变得更好，反而常常让情况变得更糟糕。

## 好得令人难以置信

当我们第一次知道 SSRI 的时候，感觉这种药物听起来似乎很神奇。医药商家告诉我们，这类新型的药物可以帮我们修复脑中"坏掉的"化学物质，正是这种物质引发了抑郁。它的主要工作原理是调整 5-羟色胺，这是脑中的一种化合物，负责传递神经细胞之间的信号。SSRI 确实有效，它似乎能以较低的药物过量风险和较少的有害副作用缓解抑郁症状。尽管这种药物需要服用几周的时间才能开始起效，但与经年累月地生活在抑郁的乌云之下相比，短暂的等待不值一提。然而，问题从一开始就存在。最显著的问题是人们无法确认脑中的 5-羟色胺水平是较低还是正常。的确，像百忧解一样的抗抑郁药会增加脑中的 5-羟色胺水平，但这并不表示抑郁症就是由于缺乏 5-羟色胺而引起的。就像阿司匹林可以治疗头疼，但这并不表示头疼是因为缺乏阿司匹林。

又经过了几年的研究之后，人们发现有许多其他的生物学、社会学和心理学因素都对抑郁症有影响。其中包括炎症、过高的压力激素水平、免疫系统抑制、营养缺乏、脑中特定区域的异常活动和脑细胞萎缩。此外，孤立、缺乏运动、不良饮食等也是引发抑郁症的重要因素。而这些都是我们不用借助药物就可以改变的。有证据表明，对于大多数患有轻度或中度抑郁症的人来说，像运动之类的生活方式以及其他一些非药物的治疗干预手段都能像药物一样有效地减轻抑郁。

## 用"听上去不错"换取"感觉不错"

抗抑郁药会减少不好的感受。这听上去很棒,但抗抑郁药也会减少好的感觉,这就会产生麻烦。所有的抗抑郁药都会让脑中负责痛苦和愉悦的部分同时变得迟钝,包括所有的奖赏通路。这意味着尽管我们感觉到的悲伤或愤怒降低了,但欢乐、喜悦、动机、意义、目的、与他人和自我的联结都会减少。这让人更加不容易感觉被爱或者令他人感觉被爱。我们很幸运,有一些可以改变情绪的药物能在我们有需要的时候拯救生命,但是持续服用钝化情绪和限制与他人联结的药物也会对我们生活造成灾难性的影响,沃尔特的故事就向我们展示了这一点。

### 这个人需要抑制,但不是永久抑制

沃尔特是我最初接待的来访者之一,第一次见他是我作为一名实习生进行一个短期团体咨询的时候。我在毕业后离开了实习的这个机构,而沃尔特找到我问我是否可以给他做单独的治疗。他彬彬有礼,说话很温和,就像一只泰迪熊,看上去痛苦而又内向。他想要开启一段自我探索的旅程,这让我感到高兴。但是在第一次咨询结束后,我知道沃尔特的问题要比我想象的严重得多。

沃尔特过着一种超级隐居的生活。单独住在一个特别杂乱、黑暗的公寓里,没有宠物也没有朋友,他不知道如何与他人对话或者搭讪。除了同事,他唯一会见的人就是性工作者。在我们进行第二次咨询的时候,沃尔特告诉我,他的同事们不喜欢他,这让他觉得很受伤,也很愤怒。

到了我们第三次见面的时候,我知道自己不得不问一些难以回答的问题:他是否愤怒到想要伤害自己的同事,以及他是否已经有了可以执行的真实计划?在倾听的时候,我尽力控制自己的恐惧,因为沃尔特平静地告诉我,他买了枪和弹药并且准备用上这些东西。幸运的是,有一个心理健康中心让我可以在遇到这种情况时打电话求助。之后,一名社工、一名护士,还有一名精神科医生立刻去了沃尔特家里,他们说服他到当地的一家医院住院治疗,服用一些药物来帮助他保护自己和其他人。

沃尔特的情形就是那种需要用改变大脑的药物迅速处理的威胁。这些药物刚刚面世时被称为"情绪塑身衣",是心理健康领域的一项突破性进展。在这类制药公司的帮助下,那些会对自己或他人造成威胁的人更容易在当地的医院接受治疗。沃尔特的情况几乎可以说立刻就有了改善。尽管有人告诉我说沃尔特不想跟我再有任何瓜葛,因为是我举报了他,但我还是在得到允许后立刻给他打了电话。实际上他并没有不想见我,反而还邀请我去看他,因为他有东西想给我看。虽然发生了这么多事,但我还是挺喜欢沃尔特的,我觉得他的内心有善良的一面,因此我同意了去看他。

当我见到沃尔特的时候,他告诉我说,他的同事在听说他进了医院后都出手帮助他,还给他带去了一个礼物。他骄傲地向我展示了一张可爱的贺卡和一件T恤衫,并且害羞地说:"他们是喜欢我的,我以前觉得自己对他们来说不重要,我想我错了。"我可以看出这件礼物对他的影响有多大,因为与以前相比,此刻的他流露出了更多真情。有史以来第一次,他对我讲述了他孤单的童年,还有多年都没再联系过他的家人。那天离开沃尔特的时候,我心中充满了希望。在那么短的一段时间内,他有了很大的进展,开始意识到世界并非像他想象的那样充满敌意、不友好。尽管我不会再见到他,但我预想沃尔特会继续与医院指派给他的精神科医生一起朝积极的方向发展。

我本来以为那会是我最后一次见沃尔特,然而3年之后,我在一个犹太教堂认出了他。当时的情形让我非常难过。沃尔特独自坐在房间后面的角落里,面无表情地陷在椅子里。他的体重至少增加了20千克,而且看上去完全是一副还在吃药的样子。我所理解的改变情绪的药物不应该是这样子用的。当然,如果一个人对自己或他人造成威胁,那么他们的确需要一些约束。但是既然大脑有能力做出积极的变化,为什么沃尔特没有接受除了药物以外的其他治疗呢?

## 我们需要多少约束

世界各地有亿万人在服用抗抑郁药,其中许多人以各种方式无限期地服用着这些药。与此相似,还有许多人在服用抗焦虑的药物,而所有这些药物都有可能产生持续有害的副作用。除此之外,服用抗抑郁药的大部分人都是因为中度或轻度的抑郁症而服药，然而这类患者通过没有副作用的非药物干预方式缓解症状的可能性及有效性和药物一样。而且更加不可思议的是，这类药物本来应该是由心理健康专业工作者开出的，因为他们接受过专业训练去寻找抑郁症背后的原因，然而大部分这类药物现在都是由普通执业医生开出的，而这些人几乎没有接受过心理健康培训。不幸的是，普通执业医生常常没有足够的时间和专业知识来探索患者抑郁背后的原因，也没有足够的时间去观察药物会如何改变患者的社会和情感行为。

毫无疑问，在特定情形下，药物对于保护健康有着重要的作用。但如果在不需要时仍然继续服用那些药物会发生什么事呢？如果是这样的话，我们就像是在骨折时用石膏来帮助固定，但是在骨头已经愈合后还永远打着石膏一样，它现在已经没有什么用处了，只会限制人的行动。服用抗抑郁药有一个非常严重而持久的副作用常常不为人所注意，那就是让情绪变迟钝的药物会干扰我们与最亲近的人之间的关系。它让我们更难建立和维持可以在其中感觉被爱的关系，因为这些药物让人更难与他人建立情感上的联结。

## 药物如何影响我们的人际关系

孤单和孤立让我们的头脑变得不那么清晰。社会关系有助于我们去给予爱和感觉被爱，它会赋予我们力量，并让我们在现实中脚踏实地，帮助我们在身体上和情感上都保持健康。现在人们已经知道，大脑的情绪性程度比我们以前所相信的要高，但其实它的社会性也很高。人脑的结构决定着我们需要与他人建立联结，会受到他人的影响，也会担忧其他人。

## 社会和情感生活是一枚硬币的两面

人类的生存依赖于自身与朋友和家人的关系。世界卫生组织对世界各地的人进行过的研究发现，联系紧密的家庭和社区与健康的所有方面都有关联。拥有良好的亲友关系、社会关系，即便是世界上最贫困的人，其健康和幸福水平也要优于那些财富水平和智力水平更高的人。社会纽带更强的社区通常幸福感也更高，就像日本的冲绳社区，那里的许多人都健康幸福地活到了100多岁。无论是老人还是年轻人，他们所选择的生活方式都是与大自然紧密相连，爱他人，感觉到他人的爱，这常常能让他们找到情感上的满足感。情感就像胶水一样，让人们可以建立有意义、令人满意的联结。如果我们所做的选择会淡化情绪意识，那么就更加难以认可和理解他人，也很难与他人建立关系。爱人与感觉被爱是一个社会化的情感过程。当我们任由脑中负责情感的部分变迟钝，就像下面的故事中史蒂芬所做的那样，那么我们就很难维持一段在情感上令人感到满足的关系。

> ### 这个男人的活力失而复得
>
> 当史蒂芬的老板让他几乎跨越整个美国搬到芝加哥的时候，他丢下了自己的家人、朋友以及一切他所熟知和热爱的

事物。与家人分离让史蒂芬非常伤心,但他和妻子萨莉决定让孩子们读完当前的这一学期再搬家。几个月过后,史蒂芬越来越想念自己的妻子和孩子。他从来都不喜欢一个人待着,那段时间也越来越不愿意在晚上回到安静的家里,于是他开始在当地的酒吧找人相陪。

刚开始他只喝一两瓶啤酒,但很快他每晚摄入的酒精量就已经达到了不健康的程度。当萨莉发现了史蒂芬的情况后开始担忧起来。她怀疑丈夫有些抑郁,建议他去看医生。史蒂芬去找了当地的一个全科医生,医生只是给他开了一些抗抑郁药。几周之内,这些药物就让他的孤独感变得没那么强烈了,也减轻了他的抑郁。现在他可以晚上待在家看电视也不觉得孤单了。这比去酒吧便宜多了,也可以算是更负责任的行为。然而药物也让他不像原来一样有干劲了。他不再锻炼身体了,大部分不上班的时间都坐在电视机前,填充着自己越来越强的食欲。

几个月过去了,史蒂芬在等待萨莉和孩子们的过程中生活一成不变。终于到了学期结束、家人重聚的时候,他们搬到了一个更大也更舒适的公寓里,期望能过上以前的那种美好生活。然而他们没能如愿。萨莉爱史蒂芬,但是他的变化太大了,让她觉得自己几乎不认识他了。史蒂芬的变化不仅仅是体重的增长,让萨莉怀念的还有他曾经拥有的活力,哪怕是他生气的样子也曾让她怦然心动。原先的他们总是非常亲密,当孩子表现出特别可爱的样子时,他们会相视而笑,在想起两人之间的某个小秘密或者某段回忆的时候会有眼神

> 的交流。而现在，史蒂芬的脾气比以前更温和，却变得更加令人难以接近。他不再喜欢以前做事情的方式，也不像以前那样有激情了。
>
> 萨莉告诉了史蒂芬自己的感受，提醒他那些药可能是他们之间疏远的原因之一。史蒂芬同意和医生谈一谈，不再吃那些抗抑郁药了。他认为抑郁现在应该不会再对他造成困扰了，所以为什么还要吃抗抑郁药呢？脱离药物的过程比他预期的时间更长，也更困难。尽管史蒂芬接受了医生的建议，慢慢地减少剂量，但是在持续好几周的时间里，除了抑郁之外，他还感到焦虑。此外，他还出现了一些类似流感的症状，这让他很难工作。在这段艰难的时间里，他总喜欢和人争吵，别人很难与他相处。尽管如此，史蒂芬和萨莉之间逐渐恢复了一些积极的感觉，这让他继续坚持着自己戒药的决定。当史蒂芬渐渐减少了药物并且开始重新锻炼身体时，他和萨莉都再次感觉到了两人之间深刻的联结，这让他们都产生了被爱的感觉。

情绪变得迟钝时，我们与他人的社会关系和情感联结都会淡化。但是除了抗抑郁药之外，我们还有其他可行的选择。如果史蒂芬知道改变生活方式和接受心理治疗都可以和药物一样有效地治疗他的抑郁症，那么他可能会选择前两者，这样他也不必经历那次痛苦的戒断过程了。当然有的时候，例如伴侣生病或者行动不便，那么他必然需要比平时更多的支持。但如果想要成功维持一段关系，如果双方都想要感觉被爱，那么他们需要拥有完整的情绪才可以沟通和分享自己的感受。

## 抗抑郁药可能很难中断

想要停止服用抗抑郁药物可能并不容易。整个身体可能都会发生变化，导致严重的情绪和身体问题。这些问题包括食欲降低、恶心、呕吐、腹泻以及类似流感的症状，比如不停流鼻涕、出汗、肌肉疼痛以及发烧。此外还有可能产生其他一些症状，比如焦躁不安、失眠、眩晕、头昏和焦虑。像抑郁和焦虑这样的情绪状态有时会让人误以为原来的疾病复发了。我们的身体需要花一些时间才能适应没有任何药物的状态，时间长短因人而异。抗抑郁药物可以帮助人们度过困境。的确，有时如果不放慢脚步好好休息是很难恢复的。此时适当地放松、休息和恢复是正确的选择。但也有些时候，我们需要让头脑清醒，鼓足干劲儿行动起来。

## 一 句 警 告

服用任何药物的时候，都有可能出现我们没有预料到的风险，或者这种药物的有害副作用实际上比它的疗效还要强。而与抗抑郁药物相关的这种高危风险尤为严重。对有的人来说，抗抑郁药不仅没能降低抑郁的感觉，反而让症状更为恶化。在这种情况下，自杀的风险就会提高。而这种毁灭性的副作用对儿童和年轻人来说是最高的。

## 从众多可能性中选择最好的一种

在生活中寻找平衡通常是保持健康的关键所在。举例而言,目前美国有几百万儿童都在服用一些还没有在儿童身上经过全面检测的药物。一种更为平衡的做法可能是利用服用这些药物的机会开始改变生活方式,并且尝试其他一些非药物的干预方法,就像下面这个故事中的孩子所做的那样。

> ### 这个女孩找到了回家的路
>
> 黛博拉来自一个看上去完美无瑕的家庭,家人非常注重家庭的价值。黛博拉出生后,她的妈妈辞掉了自己所热爱的工作,成了一个全职妈妈。父母两人都很宠爱黛博拉,满足她的所有奇思妙想。尽管他们都不断地关注着黛博拉,却不再把这种善意的关注投给彼此。黛博拉常常在父母激烈的争吵声中睡着。听着父母对彼此所说的话让她感到痛苦,也很失望,但慢慢地她就习惯了这件事。在青春期的时候,她的一切都在发生变化,她感觉自己很脆弱。然而就在此时,黛博拉发现了一件让自己心碎的事。
>
> 一天上午,当黛博拉学校的校车经过一间咖啡馆时,她看见父亲坐在一张桌前与对面的女人调情。从那时起,她每天都在经过咖啡馆时寻找父亲的身影,而且不断看到父亲与不同的女人调情。黛博拉心里的逻辑是,如果爸爸不爱妈妈,那么他可能也不爱自己的女儿。当黛博拉鼓起勇气告诉父亲

自己所见到的情形时,本来已经很恶劣的情况变得更加糟糕。她父亲用愤怒和自以为是回应了女儿的指责,说这一切都是她想象出来的,还说因为她是一个糟糕的、可怕的人才会说出这样的话。

黛博拉觉得自己的生活支离破碎,她快要疯掉了。她胃疼得很厉害,几乎不能吃东西,而且开始出现惊恐发作。无论是学校还是她的朋友,一切都变得不一样了。似乎什么都不重要了,她好像开始掉进一个黑暗的漩涡里。她的父母直到发现她在大冷天只穿了一件薄薄的睡衣坐在家里二楼的房顶上时,才明白问题已经很严重了。黛博拉拒绝从屋顶下来,于是父母叫来了警察,而黛博拉被送进了当地一家医院的精神病房。由于几位医生都觉得她可能会自杀,因此他们很小心地看着她,并且给她服用一些药物防止她伤害自己。

黛博拉服用的抗抑郁药让她不再感觉那么无助和没有希望,她还开始接受心理咨询。她的治疗师自己在青少年时期也遇到过很多问题,因此对黛博拉来说是一位非常合适的治疗师。治疗师为黛博拉提供了许多面对面的支持,帮助黛博拉正确地看待之前所发生的事。此外,治疗师还帮助黛博拉学习了一些情绪管理技巧,让她可以探索痛苦和令人害怕的情形,最终可以恢复自信。黛博拉的父母因为所发生的一切而感到心碎,他们觉得自己应该对这些事负责,于是也开始接受心理治疗。她父亲为自己的行为向黛博拉和她母亲都道了歉。这两位家长都意识到他们彼此之间是相爱的,两人都不想破坏这个家庭。由于双方都开始明白对方感觉不安全,

> 没有感觉到被爱,因此他们之间的关系开始恢复到以前的那种亲密状态。当黛博拉强化了与自我的关系之后,她的父母也加强了他们互相之间的关系。
>
> 当黛博拉开始建立自信,她的家庭关系也日渐稳定时,她的抑郁和焦虑消失了。她发现锻炼身体和冥想对于管理压力和令人难以承受的情绪可以发挥重要作用。最终,黛博拉要求停药,因为这些药物让她感觉太过平淡。她可以看出周围的人都很快乐,而她也想感受这种快乐。慢慢地,在精神科医生的监护下,黛博拉开始减少剂量,最终停掉了所有药物。对于充满活力的青少年来说,这个过程并不会特别困难。因为黛博拉把服用抗抑郁药的这段时间当成了一次新的学习机会,因此她又一次开始感觉被爱了。

## 平衡的方法很重要

锻炼身体和冥想这类生活方式上的变化有可能比抗抑郁药更有利于减轻抑郁和焦虑,尤其是从长远来看。对于绝大多数患有轻度或中度抑郁症但是仍然可以工作生活的人来说,改变生活方式也许会带来巨大的好处。我们知道有很多事都对保持身体健康有利,比如锻炼身体、节制饮食、充足睡眠以及令人满意的人际关系。而这些事对于保持心理健康来说甚至更为有利。在服用钝化动机的药物时要想建立新的健康生活方式可能比平时更为困难,但只要得到支持和鼓励,这一点还是可以做到的。当我们感觉无助和心情低落的时候，很难感觉被爱或者让他人感觉被爱，而像服用抗抑郁药这种看上去简单的解决方案可能会让这一切变得更加困难。从更为平衡的视角来看，增强积极的情感与降低无望感同样重要。平衡的方法会考虑压力在阻断社交和情感需求方面有何影响，还会看到满足或者无法满足这些需求会对健康和幸福产生什么样的重大影响。此外，这种方法还强调要与情绪建立全面的联结，这样可以缓解压力，激励和引导人际关系，并且可以增强我们感觉被爱的能力。

## 第4章

# 虚拟世界的联结可能造成更严重的隔绝

**沉迷于技术的当代社会**

周日的早上,在我家附近的一家餐馆里,我坐在丈夫对面和他愉快地聊天。我能够意识到他脸上温柔的表情以及他说话时身体会向我倾斜。当他起身去洗手间时,我注意到邻桌有一个男人独自坐着,他低着头,轻声地在讲电话。当态度友善的服务员过来帮他点菜时,他停止讲电话并开始对服务员说话,但是并没有抬头。

我右手边有一张空桌，一家四口人朝我们这边走来，包括一个母亲、一个父亲和两个小男孩。在服务员把我们的菜端上桌这段时间里，那个母亲和小儿子手里都拿着手机，一个在发短信，一个在玩游戏。那个父亲就坐在那里发呆。另外那个小男孩长得特别好看，他和我目光相遇了，于是我冲他笑了笑，但他并没有回应我的笑。相反，他看上去既悲伤又尴尬。

## 虚拟的人际关系并不能创造令人满足的生活

互联网的提速和社交网络的高速发展让许多人每天都跑到网上去与人"联系"，获取信息或者休闲娱乐。我们每天不是只花几分钟上网随便看看，而是会在各种大大小小的屏幕前花上好几个小时。

技术令人着迷，而且我们的生活无疑也因为这些技术变得更为舒适。像平板电脑、智能手机、笔记本电脑之类的可移动设备，让人们可以与远在城区另一边或者其他城市甚至其他国家的家人、爱人、同事和新认识的人保持稳定的虚拟关系。而与此同时，我们也时常见到坐在同一张桌子前的两个人静静地在手机相册里标记着彼此，互相之间却没有进行真正的对话，也没有好好享受彼此的陪伴。当你看到这种情形的时候，很难不感到困惑：人们是不是在滥用这些虚拟的关系？

每天花这么长时间进行深入却是虚拟的交流，我们是不是已经忘了如何与人面对面地交流？平板电脑和手机到底是让生活变得更好了，还是让我们筋疲力尽、徒增压力呢？我们要想与他人产生有意义的联系，就需要那些由情感驱动的非言语交流，然而社交媒体是不是正在替代这种交流呢？虚拟的沟通是不是正在影响着那些让我们可以感觉被爱或者让他人感觉被爱的沟通能力？要想更好地理解这些问题，让我们先来比较一下线上关系和真实的人与人之间面对面的关系。

## 屏幕无法让我们进行非言语沟通

学会说话之前，我们都在使用非言语的情绪线索来进行沟通。我们会微笑、皱眉、挥动手臂，我们还会跺脚、耸肩、指指点点。我们不用言语也可以理解彼此，因为可以进行眼神、动作和其他非言语线索的交流。

婴儿怎么能够明白那些用表情符号、加粗字体、大写字母和一连串惊叹号写成的带有丰富情感和情绪的电子邮件呢？婴儿是会理解邮件所表达的兴奋之情，还是只会试着玩一玩键盘或者吮吸鼠标呢？一封电子邮件，哪怕措辞积极乐观并且极富表现力，对婴儿来说却也什么都不是。但如果我们坐在一个婴儿面前，用非言语的方式进行沟通，比如运用面部表情和声音，婴儿就会立刻做出反应。成年人也仍然在很大程度上依赖这种先天的反应来进行实质性的沟通。这种对面孔、身体、声音和触感的敏感性对于现在的我们和婴儿时期的我们来说一样重要。

当我们和他人在一起的时候，非言语沟通无时无刻不在发生，只是我们很容易错过或者忘记。那些不注意非言语沟通细节的人可能完全感觉不到它的存在。发展心理学将人与人之间的相互联系归功于非言语沟通。但是在虚拟对话中，大部分让我们认识和理解彼此的复杂的非言语信息都丢失了。

## 虚拟关系无法复制复杂的面对面沟通

具体的百分比可能存在争议，但至少有 75% 的沟通都是非言语式的。我们的脑天生会从他人那里接收非言语信号，这些信号告诉我们对方是否友好或者对我们是否感兴趣。这些信号以惊人的速度在脑中留下印象，我们发送面对面的信息时，同时在接收重要的信息。当我们看着他人的眼睛去理解对方的表情时，或者看到对方嘴唇的动作、看到他们如何仰头或者如何拉手的时候，这种信息比语言的交流更能够透露出他们的想法和感受。此外，声音的抑扬顿挫与紧张程度，对方有没有伸手抚摸我们，这些信号都能够告诉我们一些仅凭语言难以传达的信息。比如，当我们在午餐时和另一个人交谈，接收到的一些非言语信号显示出这次沟通并不会产生想要的效果，我们就会立刻做出调整，建立一种更强健、更成功的关系。

然而我们进行虚拟沟通的时候，发送和接收信号的过程会存在明显的断裂。人们很难从电子邮件或者短信中解释语调、讽刺，不知道对方是真的兴奋还是并不认同。尽管虚拟沟通之间的时间差实际上可以非常短，但我们的脑会因为信号不匹配而压力倍增。

人脑可以接收数十亿单位的感觉信息,并把这些信息与其他数十亿单位的信息联结起来,这种能力使得面对面沟通无与伦比。这不是我们可以在线上完成的事,即使使用 Skype 网络电话或者视频会议系统也不行。接下来的两个故事讲的是两家的祖父母非常想和自己的孙子孙女进行情感上的交流。他们的目标是一样的,但由于其中一家人用的是虚拟的沟通方式,而另一家人是面对面沟通,因此得到的结果也大相径庭。

### 这对爷爷奶奶想进行在线沟通,但是却做不到

埃德和朱迪是那种溺爱型的祖父母,他们觉得与自己的孩子和孙子孙女都非常亲密。当他们的儿子斯科特与家人因为斯科特的事业而搬到外国去的时候,他们的心都要碎了。斯科特和妻子凯丽有三个年幼的孩子:爱丽四岁,她的弟弟史蒂夫两岁半,还有六个月大的西蒙。因为极度渴望与孙子孙女保持联系,埃德和朱迪安排了每周一次的 Skype 之约。

要想每周六的晚上都与孙子孙女保持虚拟联络,需要这对老夫妇做出一些牺牲,但是埃德和朱迪并没有抱怨。对他们来说,与孙子孙女一起度过的这段时间是一周当中最重要的时刻。他们看着这些小孩子玩耍,试着与他们交谈,但这并不容易。爱丽还能记得一些上次谈话的内容,但是两岁半的史蒂夫甚至无法把注意力放在摄像头上来回答埃德和朱迪的问题。

每一周,埃德和朱迪都会注意到孩子们身体和行为的变

> 化，对他们的情感也与日俱增。然而他们的孙子和孙女对这些虚拟会面的感受却不尽相同。他们在屏幕上看到的二维的影像并不真实，而且有一点儿奇怪。事实上，进行 Skype 通话让这些孩子想到了他们在 iPad 和电脑上玩的电子游戏。因为这些会面是虚拟的，所以每周六的会面对祖父母的意义比对孩子们的意义要大得多。

埃德一家人的经历对于那些时常要和家人相隔千里的人来说很常见。我最近在早上散步的时候还看到过一位祖父与他的孙女之间建立关系的方式，这与埃德和朱迪对他们的孙子孙女所采取的方式很不一样。

> ### 一位祖父与孙女之间的一次宝贵互动
>
> 从远处看，街道尽头的场景有些奇怪。一个白头发的男人坐在人行道上，两腿间是一辆面向着他的婴儿车。当我走近的时候，看到婴儿车里坐着一个小孩子，她和那位老先生正四目相对。两个人都把注意力放在对方身上，因此没有发现我停在旁边观看。
>
> 面对面，眼对眼，小婴儿把手指放在了老人的鼻子上。他跟着也把自己的一根手指放在小婴儿的鼻子上，小婴儿则报以微笑。接下来，她开始用手指探索他的嘴巴，当老人把自己的一根大手指放到她嘴唇上时，她开心得咯咯直笑。老

> 人做了一个张大嘴的高兴表情，也哈哈哈笑了起来。小婴儿变得更加兴奋，并且开始拍起手来，先是拍自己的手，然后又拍爷爷的脸。
>
> 我继续在旁边观察，那个婴儿会时不时地停止玩耍，向别处看看，进行必要的休息（婴儿的神经系统比成人所需的休息频率更高）。每到这个时候，爷爷就会跟随着孙女的兴趣停止玩耍。这是一场由小婴儿引领的互动，而她自己似乎也知道这一点。短暂的停顿之后，她就又开始以极大的热情探索自己的触觉、味觉和听觉。我不知道他们用了多长时间在便道上分享这种快乐；当我面带微笑地走开时，他们两个人都没有注意到。但我心存感激，因为可以见到这么好的例子，他们展示出了人与人之间是如何让对方感觉被爱的。

面对面的实体互动会产生令人感到满足的情感联结。而屏幕上的沟通会黯淡不少，因为面对面沟通中的微妙时机和节奏是很难在线复制出来的。当你看着一块屏幕时，不可能产生真实的眼神接触，也没有机会探索味觉、触觉、嗅觉之类的感官，这些都是虚拟场景中无法重现的。

## 线上的感官体验和情绪体验都是受限的

当你看着一个人时，并不表示你正在仔细地寻找微妙的非言语线索来了解这个人的感受，这二者之间有重要的区别。当我们看着彼此的眼睛，寻找对方面孔和身体上的细微变化时所收集到的信息是隔着一条网线无法收集到的。面孔上几十条肌肉的动作在电脑屏幕上都会变得模糊。Skype 或者像 GoToMeeting 之类的服务捕捉不到某人额头上或是眼、鼻、口周围肌肉的微妙变化。而在面对面的沟通中，这些细节会在人脑中留下印记。此外，一个吻或一个拥抱带给我们的触感、气息和味道，这些感官和情绪体验都是虚拟现实不太可能实现的。还有一点也可以体现出情绪和感官体验之间的紧密关系，那就是脑中负责情绪、情感的部分很有可能是从嗅觉发展而来的。

相互之间放松的非言语沟通让我们感觉很安全，鼓励我们不断探索，此外也正是这种沟通让我们感觉被爱。发展心理学把婴儿与看护者之间共同体验到的那种令人愉悦的丰富感官体验称为"沐浴爱河的体验"。这种早期的爱的体验会为未来的恋爱关系建立一种期望模板。想到这一点，我不禁好奇虚拟的沟通到底会对孩子有何影响。

当我看到家长和看护者们用越来越多的时间观看、阅读和收听电子设备，而不去解读、观察和倾听自己的孩子时，我就会想到那些在儿童中越来越流行的问题，比如 ADD/ADHD（注意缺陷障碍/注意缺陷多动障碍）、学习障碍和自闭症谱系障碍。这两者之间有关联吗？看护者花大量时间专注于电话和平板电脑，是否会对幼儿产生严重的不良影响？如果我们把大量时间用于虚拟趣味，而不是面对面的沟通，这是否会对我们的人际关系和健康造成什么影响？

## 连着电脑还是关掉

有人指责虚拟沟通会让人变得更加自恋和缺乏共情能力。我认为这不一定是真的，但是虚拟沟通绝对比面对面沟通缺少情感上的满足感。虚拟沟通快捷、便利，几分钟内就可以发出许多电子邮件和短信。然而由于虚拟沟通并不依赖于感官信息和非言语线索，因此它会产生不少误解。在虚拟沟通中，人们很难确切地了解对方的想法和感受。当邮件或短信并不是为了纯粹地传达信息，而是包含了一些情绪上的弦外之音时，情况更是如此。一条消息包含的信息是太多还是不够？它会产生积极还是消极的影响？消息的接收者是觉得信息冲击太大还是没留下什么深刻印象？当然，这类问题的确可以在电子邮件里问一下，只是几乎没有人会这样做。

我们只有通过面对面的非言语沟通才能与婴儿或者那些无法理解我们语言的人建立关系。而对于成年人之间的沟通来说，尽管没那么明显，但非言语沟通同样非常重要。无论重要还是不重要，所有的关系都需要那些由情绪驱动的、感官丰富的非言语沟通。我们能否影响其他人，在更大的程度上取决于那些没用言语表达出来的内容，而不是说出来的语言。无论是在工作场所还是生活的其他方面，情况都是如此。

我们谋生的方式变得越来越虚拟化。许多人不仅在办公室用电脑工作，还以在线的方式与同事进行社交，哪怕只与他们相隔几张办公桌那么远。过去人们在休息时会在饮水机旁或者午餐休息室里面对面交流。而今天，更多的人会盯着手机或平板电脑，不去与别人互动。此外,当我们花更多时间把脑子用在网上的时候,就忘记了面对面沟通有多重要,就像下面这个故事里讲的一样。

### 用面对面的联系代替线上沟通

丹得到了一份工程师的工作,这让他很兴奋。接受这份工作就意味着他需要搬到离家乡几百千米外的地方去。但他还很年轻,也愿意去探险。他的计划是利用电子邮件或者 Facebook 和 Twitter 与家人及朋友保持联系。

刚开始的时候,丹的专业知识以及对细节的注重在工作中很受褒奖。但是当丹的老板催促他在一些项目中加快速度的时候,情况发生了变化。越来越大的压力逼迫着丹快速工作,哪怕这样会让成果不太专业和精致。丹尽力加快了工作速度,但不久之后他的老板开始不断发电子邮件抱怨丹的工作速度太慢了。此外,供应商们不愿意面对面地沟通问题,只会通过电子邮件联络,这让丹感觉更加挫败。这些压力完全没有激起丹的斗志,反倒让他越来越难集中精神,而他的工作进度也一拖再拖。由于无法满足老板的要求,丹开始晚上把工作带回家去做。当压力增加的时候,他试着通过上网来忘记那些麻烦。很快,丹开始不分昼夜地开着电脑。

对着电脑的时间越长,丹就变得越发焦虑、紧张和疲惫。工作进度不断落后。尽管公司并没有开除他,但工资和奖金都减少了。

因为感到尴尬和羞愧,丹不愿意把这些事告诉任何人。当朋友或者他所爱的人联系他时,他总是说一切都很好。让他感到更加孤立的是，在工作时他也没什么机会与人面对面交谈。没有那些关心他的人来支持他，丹的生活开始偏离轨道。他躲进了由电脑游戏、电视和网络购物组成的世界里。周末的时间都花在电脑前，或者是和那些他不太可能碰面的人发信息。那些关心丹的人都离他很远，注意不到他因为缺乏睡眠而出现的黑眼圈。没有人看到丹退缩到一个虚拟世界里，让他无法感觉被爱。

丹的家人发现他在假日的时候没有足够的钱买机票回家，这让他们开始有所怀疑，因为凭丹的薪水，或者说他们以为他能得到的薪水，连张机票都买不起是没有道理的。丹的父母很重视这件事，于是尽快过去看望他。见面的时候，他们立刻看出了丹的问题，并且采取了干预措施。在得到了爱的支持后，丹认识到自己在工作中没有出路，于是辞职去找一份更符合自己工作道德标准和社交需求的工作。找工作花了一些时间，而且在发现自己的需求之前他还做了一些奇奇怪怪的工作，最终受雇于一家小型工程公司。

新工作没有旧工作的工资高，但是因为丹的感觉比以前好得多，所以也就没什么问题了。新老板让丹感觉自己得到了欣赏和尊重，每次在讨论重要事项时老板都很重视与他的目光交流。他与同事面对面合作，直观地讨论工作中所面临的挑战。让他感到惊奇的是，同事们下班之后也会聚在一起放松和娱乐。丹加入了公司的骑行俱乐部，还在玩扑克牌的时候交了几个新朋友。在一个大家都愿意面对面地表达兴趣和尊重的环境里，丹发挥了自己的最佳工作状态。

我们对于社交和情感联结的需求不会在工作的时候就关闭。为了做到最好、产出最高，我们需要既专注又放松。支持性的、面对面的非言语沟通会让人产生一种安全感，这种安全感会激发我们最好的状态。我们需要看到、接触到、感觉到那些一起共事的人接纳并且欣赏我们。只有确保这一点，我们才能挖掘自己的最优潜能。不幸的是，现实情况并非如此，人们开始越来越容易逃避到虚拟世界中去。

## 线上体验也许令人兴奋，却无法让人感到满足

无论男女，许多人都会到互联网和社交网络中去寻求情感上的满足，但这种想要快速填补孤单或打发无聊时间的意图并不容易实现。要想保持平静和专注，在社交和情感上都得到满足，只有面对面联系才能实现。

互联网让我们可以与那些自己了解和关心的人保持联络、安排约会。我们可以运用自己的想象力去记住与心爱的人在一起时的美好感受。因此，那些想象力强的人依靠愉快的回忆就可以生存。但是对于大多数人而言，要想感觉被爱所需的可不只是想象。我们需要用面对面的体验来感受他人对我们的爱。我们还需要知道自己当下有何感受，哪怕这种感受让人不悦。虚拟的联系也会令人心情舒畅，甚至感到兴奋，但兴奋与满足之间是有差别的。幸福就像是注入了一股快乐的泉水，它让人在生活的方方面面都充满生机和动力；它不会转瞬即逝，也不是靠回避我们不喜欢的感受就能获得。

## 工作中可以没有快乐，但生活离不开快乐

积极心理学领域的研究显示，要想获得幸福，并不需要时时刻刻都保持良好的感觉。只要生活中有一部分事情是我们喜欢做的，让我们感到快乐就可以，不必非要喜欢自己所做的每一件事。有一些幸福的人，他们一生都没有喜欢过自己所做的工作。但生活中会有一些其他的重要组成部分让他们感觉非常好，而这些部分通常就是让他们感觉被爱的人际关系。

## 关机是启动的重要组成部分

越来越多的人忙于和虚拟的朋友保持联络。社交网络也许会让人交到新的真人朋友，但也有可能造成干扰。当你独自一人刷着Twitter或者Facebook的时候，很容易沉迷于技术的快捷与便利。涌入的信息不断吸引着你，让你无暇顾及自己当下的感受。我们开始醉心于眼睛看到的内容，却忽略了生活的空虚。

当我们专注于电话、平板电脑之类的设备时，很容易就会觉得自己做了好多事，但实际上几乎什么成果也没有。我们需要关机一段时间来放松、恢复自我，以及整合新学到的内容。如果一直处于通电状态，我们的脑就会一直保持警觉，错过恢复修养的机会。此外时间一长，所有的事都有可能看上去同样重要，这让人很难做出最佳选择。一直放不下电子设备，让我们断开了与情绪的联结，因此也就无法收到它发送的信号，告诉我们需要放慢脚步或者停下来

重新评估。包括社交媒体在内的虚拟技术会让我们无法意识到需要改变自己的生活。只有当我们发现是什么让人感觉不好的时候,才能开始寻找好的感觉。

幸运的是,我们不必在开与关之间做二选一的选择,两项都可以选。我们可以享受互联网带来的趣味、兴奋以及教育和社交的机会,也可以在需要专注于让自己感觉被爱时关闭技术设备。我们并非只能在线上互动与真人互动之间二选一,但必须理解这二者分别可以为我们带来什么。

## 线上的友谊和亲密关系不一定像报道中所说的那样

感觉受限并不一定是一件坏事。社交媒体、约会网站、文本信息或者聊天室所带来的线上或者虚拟体验会以一种独特且具有创意的方式填充我们的想象力。但是花太多时间在这种环境中,让它们对感觉产生限制,则会将人引入歧途。对于那些与我们在线上互动的人,如果一直没有机会去验证我们对他们的假设,那么想象力就会变成脱缰的野马,并且会让人分不清欲望与现实。就算最终真的见到了自己在网上遇到的那个人,我们通常也会失望地发现他们并不符合当初的自我描述。

用想象力粉饰他人留给我们的印象已经颇具诱惑力,而比这更诱人的是,在描述自我的时候也富有想象力。线上的个人资料对自我的描述常常不是太过夸大就是有所保留。我们很容易就会夸大事实或者忘记自己在现实生活中不愿承认的缺点。如果你会这样做，那么你线上的朋友也有可能会这样做，认清这一点很重要。许多人都隐藏于屏幕或者线上的角色身后，谁也说不准亲身接触的体验是否会符合线上资料的描述。

在确定自己交到了一个新朋友或者碰上了真爱之前，我们应该去了解一下真正与这个人接触是一种什么感觉。我们需要去体验面对面的吸引力，体验当下给予和收获的友谊。此外，我们还需要体验一下当两个人意见完全相左时会发生什么。你需要问一问：

- 这个新朋友或者未来可能发展成恋人的人在生气时是不是会拂袖而去？
- 是不是不再和我讲话了？
- 我们能处理好分歧吗？
- 当他后悔自己所做的一些事情时是否会道歉？
- 他是否会寻求原谅？他是不是宽容的人呢？
- 这个新朋友或者潜在的恋人能否既索取也付出？

在确定一段友谊或者恋爱关系一定会让我们感觉被爱之前，我们需要探索所有这些以及其他更多问题。

## 爱的语言是要面对面交流的

除了失去重要的非言语沟通机会，在线交流还会牺牲由五种感官带来的丰富人际体验。在线下的真实世界中，你的眼、耳、口、鼻还有皮肤会以奇妙的方式互相联通。多种感官体验有助于建立情感深厚、意义深刻的人际关系。

我们需要共同的真实体验来评估一段友谊的价值。我们需要听到那些尊重并且关心我们的人在说话时声调发生了什么变化；需要看到他们眼中和脸上的情感；需要在寒冷或悲伤时感觉到朋友的手臂环绕在我们肩头；需要朋友在看到我们大笑或者大哭的时候，也会开始笑起来或者哭起来。这些感官上的非言语体验让我们感觉自己有价值，而这些都是无法在网上体验到的。

我们可以在网上碰面或者聊天，但是在虚拟现实中对人际关系做出最重要的决策是十分危险的。在光纤编织的世界里，正常的过滤器都消失了，统治那里的是伪装和诱惑。我们需要去发现在各种各样的情形中与对方在一起是什么感觉，还需要找出线索来了解当我们未处于最佳状态，或者对方不是最佳状态时，他们是什么感觉。这个"慢慢认识你"的过程需要花费一些时间，而且个中体验是无法在网上实现的。让我们感觉被爱的关系也许是从屏幕前开始的，但这些关系只有在线下才能持续下去。

# 第5章

# 想得太多会导致爱得不够

从学会说话开始,许多人都会不停地说,而且大部分是自言自语。我们发现,无论白天黑夜,自己总是待在头脑的幽深之处,迷失在自己的思维和想象里。随着年龄的增长以及生活日渐忙碌和复杂,我们脑中那些喋喋不休的话语变得越来越大声。这些来自内部的噪音和纷扰让我们错过了当下,也错过了那些让人由衷感到快乐的体验,因为这种体验只有我们的注意力放在当下时才会产生。

在我们忙于做事、忙于充当各种角色、忙于拥有财富的过程中,常常会对生活中那些没那么紧张、压力没那么大的部分置之不理,与自己的情绪完全断了联系。我们因为太过专注于自己正在做的事，而忘记了自己的感受。我们习惯性地思考更多，却体会更少，这不仅将我们与他人分离开来，也隔绝了自我。现实充满讽刺：我们以为同时进行多种工作以及付出额外的努力会让生活变得更和谐，但事实是，这只会让生活充满压力。打个比方（有时甚至就是事实），就好像是在冲向悬崖。

## 过 劳 死

在日本，过劳死已经成了一个非常严重的问题，以至于日本政府在2014年11月立法来预防此类事件发生。《过劳死与工作伦理》（*Karoshi and the Ethic of Work*）这部纪录片讲述的是一位年轻的丈夫兼父亲在毫无预警的情况下突然在工作中失去意识并且死亡的故事。那么，一个健康的29岁男性的心脏为什么会突然停止跳动呢？

和日本以及全世界的许多人一样，这位丈夫和父亲承受着巨大的压力，需要靠加班来养活全家人。这部纪录片中收录了这个男人在去世前和家人一起录的家庭录影。看到这些视频的时候，我觉得除了长时间的工作，还有其他一些因素也可能促成了他的死亡。我看到的是一个高大、英俊、体格健壮的男子独自坐在那里专注于自己的想法，而此时他的妻子和孩子都在拼命地想要引起他的注意。他太过疲劳，又太过专注于内在，因此几乎没怎么注意过很明显非常崇拜自己的小儿子。他看上去完全迷失在自己的思维中，与自己的情感断开了联结，心不在焉。我想这一点也促成了他最终的死亡。

## 不健康的心理习惯正在制造令人无法承受的压力

思考可以激励和提升自我。当我们利用思维去发挥创造力或者解决问题时，它是一件美好的事物。但利用思维也是一把双刃剑。它拥有神奇的能力，能够开阔视野，让我们可以实现自己的追求。但如果我们过度思考，以致钝化了情绪意识，那么思维就会把我们封闭起来，甚至杀死我们。

当你的生活几乎只专注于眼前，就会与社交和情感断开联系。只沉浸于自己的思维里，很容易让人变得自私和自我中心，失去那些能够让你了解自己和人际关系的重要感受。许多人已经习惯了失衡的生活，因此高度的压力对他们来说好像没什么特别的，但这可能导致非常严重的后果。

## 禁锢在自己的思维里可能会阻挡被爱的感觉

当你总是在思考，总是在做计划、制定战略、完成多重任务或者忧心忡忡的时候，就会被困在一种将自我与他人隔绝开的思维过程中。只沉浸在自己的思维里，会错过与他人互相凝视的机会，无法看到他人脸上表现出的可以让我们感觉被爱的表情。我们还会错过与那些当下只想和我们在一起的人共浴爱河的体验。

## 试图一次完成所有事有什么危险

许多人在生活中都会试图同时做好几件事。我们总是感觉还有更多的事要完成，有更多的问题要解决，无论工作还是生活都是如此。然而你应该知道，为了发挥自己的最佳状态，我们需要照料好自己，给其他事拨一些时间，比如锻炼身体、健康饮食以及关注自己的外表。此外，还有与朋友、家人、配偶、孩子和父母之间繁忙的社交生活。

考虑到我们只有这么少的时间却需要做这么多的事，想要同时完成好几件事是可以理解的。为什么不在与配偶或孩子进行严肃对话的时候顺便锻炼一下身体或者准备一下晚餐呢？为什么不在上网购物或者开车送孩子去学校的时候与姐妹或者朋友通个电话呢？也许你已经感觉到了压力，并且怀疑这可能与自己想要同时完成好几件事有关，但是因为没有别的选择，所以你只好继续这样下去。

如果我们继续迷失在自己的想法和计划中，就不会注意到情况正在不断恶化。我们不会注意到生活变得更像是一种负担，而不是快乐和幸福的源泉。我们必须停下来问一问自己：在生活中做这么多事带给你的是更多还是更少？我正在做的事与自己的疲惫和孤独是否有关系？

同时完成多重任务会摧毁我们感觉被他人所爱和让他人感觉被

爱的基础。接下来的这个故事就展示出为什么做得更多却可能导致得到的更少。

### 这个女人付出更多却收获更少

乔安娜是一位完美无瑕的当代女性,过去她一直试图扮演好多种角色。可爱、迷人、成功、努力工作的职业女性、妻子、母亲。她会告诉你,她的所有成就都得益于同时完成多重任务;在做一件事的时候,她的脑子里总是在思考或者计划另一件事。当她的孩子还小的时候,她会一边给孩子们穿衣服,一边去思考接下来的工作任务。当她和丈夫散步的时候,她会想晚餐要做什么。当她和家人说"晚安"的时候,她会计划第二天早上的日程。尽管家人很欣赏她的智慧和辛勤,但也能感觉到她总是被其他事占据着。他们怀念的是她对家人生活的强烈兴趣。

同时做好几件事在乔安娜看来很自然,她一直都是这样做的。当她还是孩子的时候,每当感到悲伤或心情不好时,她都会躲避到自己的想象中,为自己想要做的项目和事情做计划。活在自己的想象里成了她的一种习惯,这成就了她的创造力,但也让她无法享受与他人在一起的当下,无法给予他人密切的关注。

还比较年轻的时候,她可能会对你说她拥有了一切。但随着时光的流逝,她开始怀疑这是否真实。她还拥有着一切吗?她与丈夫的关系舒适而安全,但当初让他们相互吸引的

> 温柔和激情却已不复存在。他也追随着她的脚步,躲避到工作或者像高尔夫之类的爱好中去。她的孩子在小的时候看起来前途不可限量,但是长大后变成了难以独立、缺乏安全感的成年人,似乎没有与任何人或事发生联结。乔安娜最终注意到了这种游离。她很想念曾经与丈夫共同拥有的感受,对自己的孩子也感到愧疚。她不禁问自己,她已经这样努力了,为什么还会发生这种事?

## 做更多的事可能满足感反而更低

同时完成多重任务不仅不会让生活更轻松,反而会让压力大到令人难以招架。科学家称,那些常常同时处理多项任务的人通常会更加难以集中精神,也很难排除无关信息的干扰,实际上会体验到更多压力。哪怕是在多重任务结束后,碎片性思维和注意力不集中也仍然存在。我们在清醒的时间里一次做(或者想着去做)多于一件事,就会增加自己的压力负荷。

当然,探索生活中的多种可能性以及做许多事情是没有错的。有问题的是脑子里想着一件事,手里却在做另一件事,比如与其他人社交。你可以在跑步的时候听音乐,在牙医给你治牙的时候计划一次激动人心的假期也是一个不错的主意。但是如果你正在与他人互动,却同时在检查电子邮件或者做周末的计划,那么就无法与他人建立真正的情感联结。多重任务处理以及它所引发的压力会让我们与部分自我分离，而这部分自我在情感和自我意识中是必不可少的。

## 本来是为了放松而做的事却会增加我们的压力

在当今的世界里，忙碌而紧张的生活似乎是为了看上去更好、更加令人兴奋，但我们为了放松而做的许多事反而会制造更多的压力。看好几个小时的电视、整晚的聚会，或者去看一部动作片、听摇滚演唱会，又或者一个晚上参加尽可能多的活动，这些事可能会让人感到有趣和兴奋，但也有可能不仅没有减少压力，反倒增加了压力。沉迷于兴奋感和快餐娱乐让许多人都筋疲力尽、难以承受，而我们做这些事本来是为了放松自己的。此外，这种状态还会变成一种恶性循环。我们尽力想要休息，却难以让思维安静下来，而这又会导致我们渴望进一步的兴奋。

## 是否要一直沉浸于自己的思维中

我们与生俱来的能力是感受而不是思考。人在很小的时候会为了与成人世界更快速地沟通而学习语言，这个习惯会持续终生。我们发现使用语言能够进行快速的沟通，但并不表示这种沟通是有效的。随着生活节奏变快，我们不经意间就会减少对自己感受的注意。对思想的意识会遮蔽对情感的意识。我们思考得越多，感受就会越少，并且会把更多的注意力放在过去发生了什么或者将要发生什么上，而不去注意当下正在发生什么。而这种情况越多，我们对每时每刻的体验就会越少。如果任其发展，人们很容易就会失去对这种快速、拥挤、高强度生活的控制。

我们不仅应该回应自己的头脑，而且要回应自己的内心，这会让我们成就更多事，也感到更充实。下面关于勒蒂莎的故事就展示了这一点。

### 这个女人完成过许多事，但一次只做一件

勒蒂莎的工作非常具有挑战性，经常需要工作很长时间。她有一位丈夫和两个孩子，此外还患有一种威胁生命的疾病。尽管有这么多压力，勒蒂莎却总是能面带微笑，以充沛的精力完成一件又一件任务，应对一个又一个人。她是如何完成这么多事却没有被压垮的呢？

勒蒂莎的秘诀就是一次只做一件事，并且满怀热情地去做这件事。她热爱自己的工作，因为这份工作让她有机会改善贫困儿童的生活。上班的时候，她会专注于帮助这些儿童。回到家之后，她的全部注意力会放在丈夫和两个孩子身上。

勒蒂莎的时间管理秘诀似乎简单得有点可笑。当她在做一件事的时候，不会去计划另一件事。当她和一个人在一起时，不会去想另一个人。尽管勒蒂莎是一个体贴又阳光的人，但除非是因为工作或者他人的需要，否则她不会沉浸于自己的思维中。在理解外界对她的要求以及她自己应该做什么时，她既会用脑也会用心。通过在与他人交往时保持专注，她能

让别人感受到自己的关怀和意愿。

　　如果打交道的人让勒蒂莎感到难以应付，她会求助于"宁静祷文"。她会问自己："我能否改变这件事？"如果这不是一件以她的力量可以改变的事，那么她会转向其他自己可以施加影响的事（宁静祷文：请赐予我平静，去接受我无法改变的；给予我勇气，去改变我能改变的；赐予我智慧，分辨这两者的区别）。勒蒂莎很少会把时间浪费在她无能为力的人或事情上。

　　勒蒂莎在生活中有许多角色，一次只扮演一种角色让她的生活顺畅地运行着。她知道什么才是最重要的，这为她保存了很多能量。此外，她也知道需要一些可以让自己感到镇定和平和的方式来放松压力。她不会去看那些最新上映的暴力动作大片，而是会自己或者和家人一起去公园里跑步。通过专注于自己的感受和正在做的事情，勒蒂莎的生活充实、快乐，而且能维护自己的健康和幸福感。

## 向孤独行进

　　我们会根据每时每刻所发生的事来与他人建立联结，这些联结形成了我们的人际关系。如果你的目的是要维持一段关系，那么就不能任由自己的思维飘荡在别处。

　　思考是一个孤独的过程。我们可以与他人分享自己的思想，却无法在进行深刻的思考时也专注于他人，因为我们无法隐藏自己正因为内心的某些东西而分神。脸上的表情、声音的语调以及动作方式都会向他人透露出我们是由衷地和他们在一起，还是正沉浸于自己的世界里专注思考。如果你和某个认识但不太熟悉的人在一起时却在想自己的事，那么尽管对方不太会说出口，但也一定会感受到你的心不在焉。就算是和配偶或者最好的朋友在一起，当他们看到你神游或者不断查看手机的时候，也很有可能会感觉与你疏远了。

## 全神贯注于自己的思维，会阻碍我们对他人的意识

当我们沉浸于自己的思维中时，常常会错过一些微妙的线索，这些线索会向我们透露出对另一个人而言什么事情最重要。当一个朋友嘴上说着"我挺好的"，表情和身体语言却表现出沮丧时，我们无法注意到这种矛盾。当配偶说着"是的，工作上一切顺利"时，我们听不出她声音中的痛苦情绪。当处于青春期的孩子没有收到聚会邀请时，我们看不出他失望的神情。当我们专注于思考时，会不断地错过当下，而正是这些当下让我们有机会理解他人的感受、爱他人以及感受到他人的爱。

思维是一份美丽的宝藏，但同时也有可能损害健康，让我们孤立于他人。在所有的思维习惯中，担忧会造成最大的身体和情绪问题。

## 担忧就是在错误的地点寻求答案和保护

媒体不遗余力地揭露着轰动的恐怖事件，这让担忧成了一种全

球共享的娱乐活动。事实上，担忧实在是太常见了，你可能都会以为它是遗传下来的。但它并不是。一代又一代的家人之间并不是通过DNA来传递担忧的，它们是通过例子传播的。当你在成长过程中看到父母皱眉头、沉默以及陷入深深的思考时，就会解读出这样的信息：在发生不好的事情时，要更使劲地想这些问题。

担忧看起来很像解决问题、规避错误、避免意外以及承担责任的方法。然而并没有什么证据可以支持这些结论，只是因为我们太熟悉这种习惯了，因此才接受它。下面关于马克的故事向我们展示出，很少有人意识到担忧会妨碍我们让他人感觉被爱。

### 这个男人担心尝试和控制

马克和茱莉娅结了婚，并期待着彼此能一生相爱。然而不幸的是，事情未能如愿。尽管生了两个女儿并且两人都用心地养育孩子，但最终两人还是分道扬镳。结婚15年时，马克发现茱莉娅有外遇。但他不想让家庭破碎，于是决定原谅茱莉娅，让他们的婚姻能有一个新的开始。但是当茱莉娅与两个十几岁的孩子之间不断爆发冲突时，马克又一次发现妻子不忠，于是他申请了离婚。茱莉娅请了一名律师来打这场离婚官司，目的就是让马克的愿望落空，并且让他的生活变得尽可能悲惨。无论他说什么、做什么都无法让她搁置自己的愤怒。而她越生气就越好斗，这让马克更加愿意沉浸在自己的思维中寻求庇护。生活的不确定性越大，他就越担忧。

> 还是小孩子的时候,马克会花大量的时间独自待在房间里幻想。当他感觉受到伤害时,会退缩到一个看上去安全的空间里。对马克来说,思考已经发生的事并且为其建立理论比真实地去感受自己的心碎更舒适一些。他做了些什么事让茱莉娅这样愤怒呢?为什么她看不到他多么努力地想让两人能破镜重圆呢?他还能再拥有正常的生活吗?马克越觉得失控,就越是尽力通过焦虑地解决问题、做计划、制定战略来重获控制感。然而他做的最多的却是担忧。
>
> 马克担忧这些事对孩子们造成的影响。担忧如果茱莉娅拿走所有钱,他的生意会怎么样。不论日夜,他都在担忧那些已经发生或者可能发生的事。他越去想那些让人焦虑的可能性,就越感觉压力大。焦虑以及随之而来的失眠让马克的身体不堪重负,也让他思绪混乱,无法想出好办法。当他无法像以前那样集中注意,而孩子们变得更需要关爱时,他与孩子之间的亲密关系开始瓦解。
>
> 在马克做出了一系列糟糕的决定后,他最害怕的事开始发生了。过去,他可以足够耐心和镇定地去解决自己与孩子之间的分歧。但现在,筋疲力尽再加上恐惧让他无法先搁置自己的观点来倾听孩子们的想法。马克似乎正在失去所有对他来说重要的东西。

当然,花一些时间独自思考并没有错。人类一些最伟大的成就都是通过这种方式实现的。然而思想的质量会因为我们感受和没有感受到的事受到影响。因为对某件事的热情而引发的思考与因为恐惧而思考会产生截然不同的结果。如果我们做某件事是因为它令人兴奋和快乐，那么我们很有可能会产生积极的体验。而如果是因为不安和担忧而做某件事，那么我们成功的可能性会大大降低。

## 担忧会改变人的大脑

经验会使大脑发生变化。所谓经验也包括我们用思维创造出的内在经验。对于大脑而言，吸收内部经验所产生的影响与吸收外部经验一样大，甚至更大。当我们因为不愿面对自己的情感而迷失在自己的思维中时，焦虑和不断增加的压力会影响我们的思维过程。在头脑中一遍又一遍地回顾不好的事会使人筋疲力尽，而这又会招致令人难以承受的压力。担忧会让人紧张，在这种情况下，我们很难想出什么明智的好办法。无法停止的焦虑和睡眠缺乏会让人变得愤怒和退缩，最终甚至可能会让我们完全停止运转。

除非事关生死，否则我们因为恐惧而做出的决策通常都不会太明智。大部分决策都不是关于战斗还是逃跑，只是帮助我们继续好好地生活。如果说我们的目标是过更好的生活，那么担忧就是一块绊脚石。

此外，消极的思维习惯并不仅限于担忧和多重任务加工。预先胡思乱想或者对一些人和事做出预判是阻碍我们感觉被爱的另一道壁垒。

## 预先确定看法

许多人都喜欢独处，但并不喜欢孤单的感觉。如果与他人失去了联系，我们就会觉得周围的世界不安全、不友好，而且就算这种失联是我们自己一手造成的也会如此。许多人在与他人互动时都会停留在自己的思维里，以此创造一个与世隔绝的内在世界。如果我们在试图倾听他人的声音时却只是沉浸在自己的思想里，那我们能听到的只有自己的声音。

## 如果只听自己的旋律，那么可能是选错电台了

在一个用自己的思想构造的世界中，我们的推理是不会受到挑战的。对熟悉事物的执着会让视野变得狭隘，让人更倾向于预设一些理念。我们在一个人独处的时候，可能会建立一些熟知的、预先假定的、简化过的、无人反对的理念和想法。但如果真的这样做，那么对熟悉感的渴望会引领我们走上傻瓜的道路。举例而言，如果我坚持认为自己只对那些穿着特定衣服或者依照特定方式行动的人感兴趣，那么就会错过许多机会去认识一些我可能会喜欢的人。只去了解那些让人感觉了解起来很舒服的人和事物会让我们变成容易犯错的思想者。这种方式与教条主义只有一步之遥，也就是在体验之前就已经预先确定了看法。如果没有开放的心态去认识新的人、新的理念、新的选项和可能性，我们就会在自己的思维旋转门里不停地兜圈子。

## 我们为什么会困在自己的头脑里

思维的坏习惯有许多起因。如果在我们的成长过程中,周围的人都专注于自己的思想并且总是在体验之前就预先确定看法,那么我们很有可能会学习这些人的样子,也退缩到自己的思维里。教育方面的经历可能也会促使我们相信学习是一种孤独的内在体验。对变化的抵触也是我们停留在自己头脑中的原因之一。

现代生活的常见现象之一就是快速的变化。不仅仅是生活中的重大部分常常变化,一些小细节也在不断改变。举例而言,当我们熟悉了某种新技术并且开始可以舒适地使用它时,它就更新换代了。除此之外,还有我们喜欢的商店、品牌、餐馆等。失去熟悉感会使我们把自己限制在思维里来寻求保护。在思维过程所预设的安全领域内,我们可以建构一个自己选择的世界,那是一个不需要改变的世界。当生活变得越来越难以预料,思维就变成了通往熟悉领域的救命绳索。但是如果我们花太多的时间沉浸在自己的思维里,那么就会错过许多机会去发现其他的经验、理念和人,也会错过感觉被爱的机会。

## 如果我们所做的只是思考,这真的是智慧的表现吗

智力真的只与思维有关吗?很明显并非如此。在越来越多的研究中,人们对智力的定义都远超过思维的范畴。除了智力商数,高效思维的能力还取决于良好的社交和情绪选择,也就是情绪智力。

## 回避情绪、情感是否真的明智

专注于自己的头脑时,我们会与思维能力产生联结,却会与自我中其他同样重要的部分断开联结。除非正在思考的内容是纯抽象的,否则我们并不是在利用自己最优势的资源解决问题或进行决策。除了逻辑推理,我们还需要情绪、情感的参与才能发挥出最高的智慧。

我们可以欺骗自己说,良好的计划和战略就可以帮助我们实现想要的一切。你可以想象一下这种生活,所有事情都做好了计划,不需要考虑那些不大可能发生的事,勾勒出一种没有惊喜的生活。但这种事只会发生在纯理性的世界里,它会制约你的判断力,让你无法真正理解世界上正在发生的事。在下面的故事中,杰里在真正开始生活前就决定完全按照计划来生活,这会带来灾难性的后果。

> **只存在于头脑中的爱**
>
> 杰里是一个非常聪明的人,他的高中毕业成绩名列前茅,后来又在一所知名大学的化学系获得了全额奖学金。杰里相信,要想做出良好的决策,分析和计划能力是他所需的全部,因此他做什么事都完全依赖这两种能力。
>
> 杰里生活中那些最重要的事都是提前计划好的,包括选择职业和妻子。举例而言,杰里最喜欢的专业是化学,但是他后来转学了医学,因为他认为当一名医生可以获得更高的

声望和更多的金钱。与此相似，他在生活中最爱的是从小和他一起长大的一位名叫温迪的年轻女子。她很喜欢他，他也喜欢她。但她不符合他在头脑中对妻子一职的计划。相反，他决定和莎伦在一起，因为她符合杰里所描绘的那种光芒四射、谈吐风趣的女子形象，他认为自己应该娶这样的女人。此外，他也很享受莎伦挽着自己的手臂时周围男人嫉妒的眼神。

对于他对莎伦的情感或者莎伦对他的情感，杰里并没有想太多。莎伦看上去很喜欢他。她很聪明，因此杰里认为他们俩很可能会生出聪明的孩子，这就足以让他确信自己应该向莎伦求婚。她接受了杰里的求婚，这让他兴奋不已。

然而在杰里读到医学院的第三年时，他突然意识到自己并不真的喜欢当医生。于是他又转向了精神病学专业，但接下来又发现读精神病学也并不能让自己感到开心。此外，他和莎伦的婚姻也没能向他预想的方向发展。刚刚结婚，他就发现莎伦的许多兴趣爱好都让他觉得很无聊，她的行为也难以预测。杰里尽力想要控制住莎伦，但这只会让莎伦怨恨他。他们尝试了婚姻咨询，但没什么帮助。尽管杰里愿意谈论他们之间的问题，但他却不愿意放下理性的戒备去理解莎伦的情感需求。这场婚姻最终以离婚收场。

## 要想做个聪明人，需要保持不确定性

制订计划和战略会产生一个最大的问题，尤其是在不考虑情绪情感的情况下，那就是整个过程必然会存在缺陷。当我们沉陷于思维中时，就无法体验到自己真正的感受，此时理性猜测是我们唯一能做到的事。此外，如果我们深陷在思维里，就无法接收到其他人向我们发出的爱的情感信息，而我们自身也无法与那些需要感觉被爱的人建立联结。

具有讽刺意味的是，人类许多最重要的思想都产生于未带着特定目的去思考时，或者产生于我们对其不抱什么期望时。它们出现在梦境中、洗澡时、攀岩或者躺在草地上看星星时。它们出现在我们感觉平静、专注、安全、放松，并且像了解自己的思想一样了解自己的情感时。

○ 第三部分

# 用爱替换压力的工具

一旦清楚了什么样的体验才能让你感觉被爱,并且认识到自己制造了哪些障碍阻挡这些体验,那么你就已经准备好做出改变了。行为是可以改变的,因为我们知道,为了向好的方向发展,脑在一生中都是可以改变的。此外我们还知道,脑的改变发生在新学习的技能不断得到练习的时候。

记住这一点,你就可以开始从本书中学习一些新的技能,让你可以感觉被爱,哪怕是在压力超出了你的承受范围时。即将学到的这些新技能足以让你控制住那些让人感到威胁的情感体验,使它们无法转变成恐惧和本能,而消灭了你感觉被爱的可能性。

本书第三部分首先介绍了一些用爱替换压力的技能。这些技能让你可以模仿新生儿与看护者之间形成安全关系时脑部的发展状况。此外,第三部分还会介绍一些让你可以一步一步学习新技能的工具组合。

# 第6章

# 管理当下的压力

在前面的一些章节中,我已经介绍过压力与我们无法感觉被爱以及无法让我们关心的人感觉被爱之间有重要的关系。压力和我们的体温有些类似:压力和体温在身体中都有一种平衡的状态。为了能保持最佳的情绪和行动状态,压力和体温都不能过高或过低。当压力超出正常的运作范围(或者称为"健康地带")时,我们就不太可能做出明智的决策、解决具有挑战性的问题或者与他人建立有意义的联结。

当我们所面对的威胁大部分来自外部时，压力是一种很容易识别的高效平衡状态。然而在当今我们所生存的世界中，更多的挑战来自对危险的认知和焦虑，而不是真正出现在眼前的危险。

## 对安全感的威胁既来自外部，也来自内部

我们的神经系统在过去的十多万年中不断发展。刚开始时，人类生活在野外，那时所面对的威胁是饥饿、暴露以及捕食者。危险虽然总是很危急，但不会一直都存在。在这样的世界中，我们的神经系统可以运行良好。在面对迫在眉睫的危险时，我们会本能地战斗、逃命或是装死。这些策略足以保存人类的生命。但是今天的世界已经完全不一样了，威胁我们的事物并不一定出现在眼前，可能也不会威胁我们的身体。

人们现在面临的威胁大多来自内部而不是外部。工作和生活日复一日地制造着不平衡的压力状态。当今的压力通常来源于对未知的反应，生活中的变化带来的常常是心理上的威胁，与此相比，即将危及生命的事件反倒没那么常见。

在当代生活中，灾难几乎没有消失过，但整体而言，我们对灾难的预期要多于应对。人类的压力反应最主要的特征就是对恐惧的预期，我们将其称为焦虑，与恐惧本身相比，它是更大的压力来源。焦虑是一种常见的情绪应激源，它会对人的生活造成破坏性的影响。

## 压力太大或太小都会损害人际关系

尽管压力的作用是保护生命，但当代生活的复杂性让我们对压力的耐受力发生了变化，也改变了人们对压力的反应方式。同时完成多重任务以及使用智能手机意味着我们希望别人总是能找到自己，我们总是能和他人联系并做出响应。几百种日常的小压力源在不停地激发我们的自动反应，而这种反应以前都是在面对威胁生命的即时威胁时才需要出现的。我们每天所面对的一些压力会在心理上和情感上造成威胁，但它们并不会威胁生命。于是我们的神经系统会感到困惑，并且因为太多不健康的压力而失去平衡。此外，身体在应对压力时所产生的那种自然的反射性反应对于这些并没有那么紧迫的压力已经不适合了。比如，战斗、逃跑或者僵直反应不能用来应对老板或配偶发来的紧急短信。事实上，这些自动化的反应常常会关闭我们感觉被爱以及让他人感觉被爱的能力。

识别出这些人在应对压力时产生的反射性反应很重要，但是想要做到这一点，就必须搞清楚健康的压力实际上是一种什么感觉。当压力控制在健康、可接受的范围内时，你会处于一种精力充沛、警觉、专注、平静和放松的状态。我把这种理想的压力范围称作"E地带"。当我们处于这一地带时，会充满能量、提高效率并且感觉很自在；如果脱离了这种稳定的 E 地带，就会感觉受到威胁。哪怕这种威胁只是理论上的，我们也会走出 E 地带，冒险采取一些有害的、对自我不利的行动，就像下面故事中所描述的那样。

### 一些因为超过了 E 地带而遭受痛苦的人

在雷和德妮丝结婚之前,他们会花几个小时的时间彼此倾听和交谈。德妮丝最开始吸引雷的一点就是她会全神贯注地倾听雷说话;之前雷从没有遇到过像她这样愿意理解他感受的人。她倾听得越多,他感受到的爱意越深。他们在一起的第一年轻松而愉快,但是工作上的压力加上家庭需求的增加让他们的生活紧张了不少。在被白天的挑战压得筋疲力尽后,他们都想从彼此那里获得呵护,却又都太过疲惫而无法照顾对方。这种状态让他们失去了相互关系中非常重要的一部分,并且额外增加了不少生活压力。为了寻求更为轻松的感觉,雷开始光顾当地的一家酒吧,一番把酒言欢之后才回家。德妮丝则变得越来越愤怒和退缩,她很少和雷讲话,甚至很少正眼看他。

安吉拉是一位很有吸引力的天才舞蹈演员,却似乎找不到工作。她一次又一次地尝试那些她认为非常适合自己的角色。每次走出试演的房间时她都感觉良好,认为编舞的人一定对她的表演印象深刻。然而她却从来没有得到过回复。她告诉自己的朋友和家人,在舞蹈世界中,30岁的她已经太老了。但年龄并不是真正的问题。安吉拉应对表演焦虑的方式是不停地讲话,哪怕是对方正在面试她的时候。毫无疑问,这会让编舞的人和其他舞蹈演员心烦。因为焦虑而愈演愈烈的唠叨让他人感到不满,因此也会忽视她的天赋。

遇到里克让康妮觉得很兴奋。里克和她一样,也是一位非常关心孩子的单亲家长。他们之间看上去有那么多共同之

> 处，拥有共同的价值观，喜欢参加同样的活动。当里克邀请康妮参加自己的家庭聚会时，她既高兴又紧张。康妮知道里克与他母亲关系很亲密，她想要表现得放松一些，给他母亲留一个好印象。为了让自己平静下来，她在聚餐前和进餐的时候都喝了一些酒，以此来缓解紧张。但是，用这种方式来应对见到里克母亲时感到的威胁感却让情况变得更糟糕。康妮并不太会喝酒，因此变得酩酊大醉。里克的母亲以为她是个酒鬼，警告儿子不要和康妮纠缠在一起。

许多不了解情绪压力和心理压力的人都会因为自动化的反应而让自己失去平衡。不会威胁生命的日常压力也会吸干我们的能量，让我们的思维变得混乱，也让建立一段令人满意的关系变得更加困难。

## 要想建立成功的关系，我们需要停留在 E 地带

如果我们变得愤怒、退缩或者麻木，就无法与人好好沟通、无法理解他人、无法清楚地思考。在进入生存模式时，我们还很有可能变得自我中心和自私自利，即使是一些只会对生活造成轻微影响的小事也会让我们大动干戈。这并不是因为我们是坏人或者不知道该如何行事；只是因为神经系统对那些被知觉为威胁的事做出了自动化的反应，即使这些事其实并不会造成威胁。

在警报阶段，也就是当我们对压力的反应太强或太弱的时候，思维、感受和行为方式都会受到严重的限制。我们可能会小题大做或是反应不足，说一些自己平时不会说的话或者做一些平时不会做的事。当真实或者预想的威胁过去之后，神经系统会自动恢复到稳定的压力范围，但可能为时已晚，我们也许已经在无意间破坏了一段良好的关系。在不平衡的压力状态下所做的选择常常会导致伤害他人或自我的结果。幸运的是，我们可以学习一些反应方式，从而可以把压力水平带回 E 地带。尽管我们并不总是能控制发生在自己身上的事，但我们可以学习如何对所发生的事做出反应。这些技能让我们可以掌控好自己的人际关系与生活。

## 超出 E 地带之外的压力会引发许多情绪问题

当生活中的压力超出 E 地带的时候，一些人会变得焦虑或者抑郁，这种现象并不少见。压力的来源包括睡眠不足、重大的生活变化、工作问题以及家庭和人际关系问题，它们既会引发压力，又会带来沮丧的情绪。许多看上去有威胁的事会带出以前没有解决的情绪问题，而这些情绪问题又会变成新的压力来源，让原有的问题变得更加严重。尽管压力与情绪之间的生物学关系还不是很清楚，但人们已经观察到二者之间确实存在关联。压力会按下情绪的按钮，结果导致自我伤害的想法和行为。这种令人痛苦的行为会直接导致更多的压力，下面的故事就向我们展示了这一点。

## 这对夫妇的压力阻碍了他们的沟通能力

约翰和奥德莉是在读研究生时相遇的,在这之前两人都结过婚也都离了婚,他们因为帮助彼此解决"情绪问题"而相爱了。约翰的问题源于他两岁时养父母的离婚,这件事影响了他的安全感,让他很难去信任别人。奥德莉是家里的独生女,她是在父母要求完美的压力下长大的。小的时候她说话结巴,长大成人后也仍然是个容易紧张的人。约翰和奥德莉都很庆幸遇到彼此,认为对方既是优秀的沟通者,也是富有同情心的倾听者。他们结婚生子,并且获得了婚姻家庭咨询师的学位。

这对成功又有吸引力的夫妻以他们自创的沟通方法为核心,很快拥有了大量的业务。之后约翰和奥德莉又生了两个孩子,在专业领域也变得很受欢迎,许多客户都排队找他们咨询。当肩负的责任和对时间的需求开始增加后,他们感觉到越来越多的压力。以前婚姻中的老问题开始浮出水面。约翰背部的旧伤又开始重新困扰他,而他开始觉得奥德莉不再关注他。感觉受到伤害的约翰又退缩到自我的小世界中。奥德莉不明白约翰为什么不高兴,于是也以退缩的方式来应对,变得越来越紧张和愤怒。在看上去无休止的重压之下,自动化的战斗或逃跑反应开始影响他们之间的关系。尽管两人还在继续教其他人沟通的方法,但他们自己彼此之间的沟通能力出现了问题。

奥德莉很怀念她与约翰之间的情感联结,于是向一位单身的女性朋友寻求安慰。与这位朋友的交谈让她感到平静而

> 安心，但她不知道的是，这段友谊让约翰感觉受到了威胁。他变得越来越嫉妒、怨恨甚至更加退缩。而这种行为又让奥德莉更加怨恨他，反而变得和朋友更加亲密了。因为感觉被排斥而带来的痛苦和压力，让约翰做了一些非常不符合他性格的事：在一次与奥德莉对质的过程中，他没有退缩，而是勃然大怒。这种愤怒出人意料，而且非常强烈，吓坏了奥德莉。很快，她申请到了一份限制令，拒绝约翰走进她的房子。从那时起，他们的关系一直紧张激烈，最后以离婚收场。

作为成功的婚姻咨询师，约翰和奥德莉拥有很多关于如何沟通以及如何拥有一段成功关系的知识。然而，当他们自己感觉受到威胁时，自动化的压力反应却占了上风，让他们无法根据自己的知识行事。

## 压力事件会阻碍良好关系的建立

要想拥有成功的人际关系，学习一些策略是有好处的，但如果我们压力过大或者处在充满威胁的情形中，这些策略很快就会失效。当我们感觉受到威胁时，哪怕是最好的计划也都变得无效。极端压力或慢性压力会损害我们的思维、情绪和行为。在强大的神经系统反射的控制下，我们会以习惯的方式进行反应，而这些方式常常会伤害他人和自我。当生存本能突然之间控制住我们的行为时，所有的计划和良好意图都将消失。

感觉受到威胁时，除了即刻的安全需求，我们无法再关注其他任何事。除非我们能够意识到正在发生什么，并且能够很快将压力带回平衡状态，否则就无法根据自己的常识和计划行事。在一个内部威胁多于外部威胁的世界中，我们需要更好地理解和管理压力，这样才不会被压垮。

## 把压力保持在 E 地带会遇到哪些挑战

人们已经公认压力是当代生活的一部分，因此许多人相信我们有能力意识到压力并且理解它。我在心理健康网站 Helpguide.org 上回应过多年的问题和评论，这一经历让我对上述假设产生了怀疑。由于当代的压力大多来源于内部，因此关于它们对我们思想和行为会产生什么影响，我们的认识并不充分。人们倾向于忽视那些并没有对生命造成威胁的压力，然而这些压力却从未间断并且具有很强的破坏性。玛利亚的故事就向我们展示出这些内在的压力来源会引发焦虑，并且常常会导致我们的人际关系问题。

### 这个女人靠责备他人来应对她自己的压力

玛利亚聪明又勤奋，但她以前并不喜欢自己的工作，直到她在一家很火爆的餐馆中担任了主厨一职。在以前的工作中一直折磨她的胃病突然之间消失了，她每天起床时都期待着迎接新一天的挑战。由于媒体认可了她的成就，她感觉自己得到了人们的赞赏；而且由于餐馆的效益非常好，她在不到两年的时间里涨了两次工资。不过后来，餐馆的老板雇用了布鲁斯来当她的副主厨。

布鲁斯比玛利亚年轻，而且精力非常充沛。他从容不迫地应对着厨房的所有事，好像有永远也用不完的能量，而且前厅的服务员也都觉得他很有魅力。布鲁斯的经验不如玛利亚，但是他的年轻和精力让她感觉受到威胁。她发现自己总是在两人之间做对自己不利的比较，而且尽管玛利亚并没有理由认为老板不满意她的工作，但她也开始担心自己的职位会被布鲁斯取代。她越担心，就会越焦虑、越愤恨、越退缩。玛利亚没有意识到这些新的情绪来源于压力。她认为如果是因为压力大，她一定会有所表现，但她并不觉得有什么迹象显示出自己压力很大。哪怕是在胃病又重新开始折磨她的时候，她也不认为这一切与压力有关。

虽然玛利亚没有意识到自己的压力，但她的确注意到与以前工作中的自己相比，她已经变了。她开始搞错点菜单，还在忙碌的周五晚上因为用油不当而失火，导致整个厨房都需要疏散。她开始越来越担心，也越来越沮丧，难以集中精神。而在心里，她把自己的这些错误都归咎于布鲁斯，认为是他制造了无声的威胁，让她变得这样急躁。玛利亚越焦虑，就越难集中注意工作，因此也越害怕布鲁斯会让她丢掉现在的工作。

当老板指出她最近的工作表现与以前不同时，她变得更

> 加怨恨布鲁斯。她觉得他就是问题的根源，因此没有采取任何措施来改变自己的思想、行为或者工作伦理。在老板多次与她讨论在工作中的问题却无果后，玛利亚被解雇了，只能到另一个没那么受欢迎的餐厅里当主厨。

玛利亚无法认识到自己所承受的压力，这让她走上了损害自我的道路。她没有意识到因为害怕可能发生的事，她的工作表现受到影响，变得越来越低效和低产。玛利亚的故事也向我们展示出个体非常容易忽视不受约束的压力或者容易责怪他人。因为压力而责备他人是很常见的人类习惯，也是压力管理中的主要障碍之一。还有一个障碍就是，对身体有害的慢性压力有时反倒会让我们感觉不错。

## 对我们有害的压力也许让人感觉不错

能将我们稍微推出舒适区的压力是有好处的，因为它不会持续太长时间或者不会太强烈。就像我之前提到过的，压力有许多的优点，但这主要是指少量的压力。一点点的压力可以激励我们行动起来去迎接挑战。此外，压力还可以在短时间内提供很高的能量，让我们可以实现更多成就、达成更多目标。举例而言，压力可以帮助我们面对许多挑战，比如赢得比赛时的重要一击，为重要的面试做准备，或者参加一场考试。应激反应所激发的肾上腺素和其他激素通常让人感觉不错。

不幸的是，有时不错的感觉也会带来不好的结果。在应激反应中迸发出的激素会带来短暂的兴奋，这可能会让人养成习惯，很快我们就会开始寻求越来越多的压力，从而可以重新获得那种兴奋感。此外，当我们因为肾上腺素和其他激素的自然作用而感觉兴奋的时候，可能不会注意到实际上身体正在被掏空，变得筋疲力尽。那些通过制造压力来寻求快感的人迟早会发现这样做会带来很严重的后果。

## 伴随着无助和没有希望的感觉产生的压力会使人受到创伤

当强烈或者持久的压力与没有希望和无助感同时出现，人们常常会遭受重创。部分神经系统既想快速运行又动不了，这会让我们处于停滞或者冻结的状态，无法回到 E 地带。无法恢复平衡状态也许只会持续较短的时间，之后神经系统就会回到正常范围内，但这段时间也可能会很长。我们可能会在很长一段时间内都保持受创的状态，几天、几周、几个月甚至几年。当创伤非常令人震惊或者当人们不断经历创伤，又或者是在幼年时期经历创伤，这种情况就更有可能会发生。

我记得自己小时候经常做一个非常可怕的梦，每次惊醒时都无法动弹。身体不能移动，也哭不出来，没法跑到父母那里寻求安慰，真的可以说是冻结在了恐惧中。几分钟后，我才能重新开始移动手指，然后是手和脚，最后是整个身体。不过到了那个时候，我已经不再恐惧，只是筋疲力尽了。

任何让我们感觉没有希望和无助的威胁，比如外科手术、住院、虐待、疏忽照料或者遗弃，都可能造成创伤，尤其是在我们年轻的时候。此外，我们还有可能因为发生在他人身上的事而遭受创伤。哪怕是对威胁的觉知也可能让我们感觉被压垮、无力、无法放松或清晰地思考。

## 压力管理必须迅速

压力来源是不会消失的。在过度繁忙、过分紧张的生活中，压力总是会出现，但我们可以做一些事来减少它的影响。因为脑是有能力做出改变的，所以我们可以学会检测自己是否压力过大，并且学会找到方法迅速减少压力。就像我之前所说的，我们需要记住很重要的一点，那就是人们虽然无法控制发生在自己身上的事，但是可以控制自己对事件的反应方式。

## 压力不一定会限制我们与他人之间的联结

在当今世界，我们需要迅速识别不受控制的压力，并把它带回平衡状态。最终，人脑可能会进化到不再对心理上的威胁做出自动化的战斗或逃跑反应。到那个时候，我们可以学会认识每时每刻所发生的压力事件，并发展出能够迅速将自己带回平衡状态的反应方式。

我们也可以让守旧的人接受新事物。虽然无法改变因威胁而引发的自动化反应，但我们可以对这些反应建立新的应对方式。我们可以学会识别那些会激发压力的导火索，也可以学会迅速恢复到 E 地带。

## 面对压力源，我们有两种天生的快速反应模式

要想迅速从压力中恢复，我们首先要了解两种能够迅速把压力带回平衡状态的有效方式。要想立刻感觉好一些，你可以和一位自己信任的人交谈，这个人应该是一位镇定且善于倾听的人。当然，我们不一定总是能找到这样的人。当你无法找人交谈时，可以依靠许多不同的感官来帮忙减轻压力。

感觉输入包括视像、声音、味道、气味、触感和动作。正确应用这些感觉可以迅速而有效地减轻压力。但如果这些不同的感觉输入可以迅速扭转过载的压力，为什么我们没有一直使用这种技术呢？答案很简单：很少有人了解这种方法，即使是知道的人也并没有花时间去探索它。

## 学会在压力出现时立刻识别和管理它们

当你感受到威胁时做出的自动化反应方式有三种，典型的反应方式是战斗、逃跑或者僵直。不同的人可能会在这些选项中做出不同的选择。我们有时可能会发怒（战斗），有时又会把自己隔绝开

(逃跑),尤其是当压力触发了某个以往没有解决的老问题时。如果我们既想战斗又想逃跑,就很有可能出现僵直状态。比如,如果我们站在街上,忽然有一辆车朝我们冲来,我们就有可能会因为恐惧而呆立不动,心脏却会猛烈跳动。

就人体内部而言,这三种反应方式很相似,但各自的表现方式不同。战斗的反应通常表现为发怒或者烦乱。逃跑的反应方式看上去就像是我们躲开、隔离或是退缩。僵直的时候,我们看上去就像被车灯照到的小鹿,尽管这可能只是一种假象,因为此时内心的体验可能是非常愤怒。

运动、瑜伽或冥想这类放松方式可以从整体上降低压力水平,让我们在一整天中更有可能保持平衡状态。然而,降低整体压力并不能让我们在面对威胁时免于丧失冷静。尽管我们可能经常锻炼、定期练习瑜伽或者每天都冥想,但是当有威胁的事情发生时,我们可能还是会以自动化的方式做出反应。当事情发生得很突然时,这些放松方式可能无法阻止我们的思维和行为受限,就像下面的故事中描述的。

> **尽管人们都会一些应对压力的技巧,但在承受压力时仍会失控**
>
> 珍妮弗每天遛两次狗,并且会定期练习瑜伽。熟悉她的人都知道,她虽然安静却很自信,能够为自己站出来说话,她能以冷静的态度应对大部分挑战,但是也有一些例外情况

会让她猝不及防。比如，她是一位很用心的母亲，当她那处于青春期的女儿愤怒地向她回嘴时，她常常会震惊和退缩。每当这种事情发生的时候，珍妮弗都会觉得很受伤害，于是会关闭自己的情感。愤怒和退缩让她无法倾听女儿那些尖刻的字眼背后所隐藏的真正问题。

崔维斯每天都会以一段长时间的放松跑来开始一天的生活。他是一个劲头十足的运动员，性格随和，外表自信。生意伙伴都觉得他有很强的实力，而且为人公平。但情况并非总是如此，尤其是他在家的时候。面对自己深爱的妻子，他会变得慌张和难以承受压力。夸张的情感是他妻子性格中的一部分，他一方面被妻子的这种特征所吸引，另一方面也因为妻子的强烈情绪而感到害怕。面对这种夸张的场景，崔维斯不知道该做些什么，因此他常常会隔离自己，退缩到内部的世界中。而在他妻子看来，这种做法是对她不关心也不感兴趣的表现。她并不知道自己对崔维斯来说有多重要。

丹尼斯每天都进行冥想，而且一有机会就会去冲浪。他谈吐优雅又有自信，一直以强大的形象出现在生意场和政治界。但他也有一个致命的弱点，那就是非常容易生气。当一位同事批评丹尼斯对待下属的方式太过大男子主义时，他爆发了。他的脸因为愤怒而涨得通红，几乎喘不过气来，说话也是一副气急败坏的样子。这种过激反应让他的同事感到很尴尬，也让丹尼斯丢了面子。他们两个人都清楚，同事并不是要故意伤害丹尼斯的感情，但是丹尼斯以一种极不恰当的方式做出反应，这种做法改变了两人的关系。

就算是每天进行放松练习，也不一定能够预防我们在感觉受到威胁时免于做出自动化并且通常会引发问题的反应模式。除非我们知道一些可以迅速把压力带回平衡状态的方法，否则就有可能说出让自己后悔的话，或者做出让自己后悔的事。当我们遇到突发状况时，几秒钟内无法执行的放松方式不能帮助我们以足够快的速度控制住压力。要想更好地应对具有威胁或者令人难以承受的体验，我们需要一些技巧帮助自己迅速做出反应，还需要保持自己的情绪意识。

## 要想掌控自我，需要针对压力制订行动计划

要想迅速应对不受控制的压力，第一步就是要认识到你不像平常那样放松或者专注了，这表明你的神经系统已经失衡。只有在你能与自己内在的感受保持不间断的联系时，才有可能做到这一点。

第二步就是在某些事情威胁你的时候，识别出自己的反应模式：

- 在困难或者紧张的局势下，你身上到底发生了什么？
- 你是否变得愤怒或者易激惹？
- 你是否正在做出一种不那么激烈的压力反应模式，比如变得抑郁、退缩或者与外界隔绝？
- 你的神经系统是否曾以僵直的方式做出过反应？
- 你是否在感受着过度激动（愤怒、易激惹）的同时，又有不那么激烈的感受（抑郁、退缩）？

一旦学会辨认身体内部发生的变化（这一点取决于你保持情绪意识的能力），你就可以开始学习对压力的快速感官反应方式了。学会如何迅速应对压力也是学习心智觉知练习的先决条件，这种练习可以让你保持与情绪的联结，哪怕是在你感觉受到威胁或者要被压垮的时候。

## 为了控制压力，我们必须识别出情绪过载的状况

与他人和自我在情绪、情感上失联会造成压力过载，由此而产生的慢性紧张和焦虑比其他任何事都多。顶尖的研究机构已经确认，压力是心理、情绪以及身体健康问题的一种主要来源。正因为如此，我们必须先理解情绪（包括那些我们最不喜欢的情绪）在制造和缓解压力及焦虑方面的核心作用，这样才能开始着手解决压力和焦虑问题。

尽管我们不能控制对威胁的自动化反应，但可以学习如何识别内部和外部的压力来源，正是这些事将我们推出了舒适区。就压力的内部来源而言，要识别它们就需要具有保持情绪意识的能力，这样我们才能感觉到那些提醒自己体内正在产生压力的变化。接下来的第 7 章描述了一种冥想方法，它可以强化我们的这种能力。

# 第7章

## 一种冥想方法：就算是在恐惧时也能保持心智觉知

在我们的生活中，许多最糟糕的事都是自己做的。当我们感到担忧、害怕、受威胁并且失去控制的时候，说出的话或做出的事常常会妨碍我们表现出最好的自己以及最具爱意的自我。但是你知道吗？我们可以不这样做。通过学习一些技能帮助以不同的方式来应对压力和焦虑，我们可以避免成为最糟糕的自我。这些技能中最重要的一项就是冥想，它可以帮助我们识别和克服情绪过载问题。如果我们在感觉受到威胁时也能够保持平静和专注，就拥有了强大的力量来对压力保持控制，可以与爱的感觉保持联结。

## 冥想的多种练习形式

冥想最开始时是一种古老的宗教修行，目的是减轻痛苦，培养同情心。随着时间的推移，开始出现其他形式的冥想，包括不带宗教色彩的世俗练习，它的目的是让思维安静下来，放松身体，帮助我们对自我有更敏锐的观察和意识。

我的老师告诉我，所有的冥想都是通过让思维平静下来和集中注意来实现其目标的，因为只有这样我们才能在每时每刻专注于单一的事物或理念。我们可以利用一种感官体验来集中精神，比如呼吸、倾听音乐或某种声音；也可以盯着某种美好的事物，比如一朵花或者一支闪烁着光芒的蜡烛。有些人可以依靠更活跃的体验来集中精神，比如诵经、跳舞或者一圈一圈地转圈。

此外，我们也可以专注于内部的体验，比如心智觉知式的冥想。练习心智觉知的人会专注于每一个想法、每一种情绪或者身体感受，当它们在每时每刻进入意识的时候就接受，离开时就放手。尽管冥想非常有好处，但对于许多人来说都不太容易，就像下面的故事所叙述的。

> **这些人停止了冥想或者没有把它当成第一要务**
>
> 赛斯和罗伊都是30多岁的人，他们从小就是非常要

好的朋友。但是当赛斯在工作中被提拔到很高的职位之后，事情发生了变化。在罗伊看来，赛斯好像对自己不感兴趣了，把他关闭在了自己的生活之外。这一点让罗伊觉得受到了伤害，因此他开始回避赛斯，这让两人的友谊变得岌岌可危。赛斯的工作很繁忙，承受着巨大的压力，因此并没有注意到自己已经很少见罗伊，直到罗伊向他提起时才意识到。为了修复两人之间的友谊，罗伊建议赛斯试着学习冥想，让自己慢下来，以便更加清楚地认识自己。赛斯仍然想和罗伊做好朋友，因此同意了他的建议，但是他试了几种冥想练习的方法都没有成功。每当他做几次深呼吸准备集中精神的时候就睡着了。赛斯没有去想为什么冥想让他这么困倦或者为什么这件事这么难，而是直接放弃了。如果赛斯能够坚持这个过程，也许就能意识到他的生活已经变得多么孤单和错乱。

乔西在小时候就学会了通过解决问题来回避痛苦的情绪。他是一个聪明的孩子，解决问题让他可以轻松地获得关注和认可。但这个最初本是用来应对孤单的方法逐渐演化成一种忽视情感的习惯。由于乔西几乎不太注意自己的感受，因此他常常因为自己的情绪而感到困惑，一度很难与别人沟通。工作时，乔西是一个出色的问题解决者，但无法与他人合作，因此他发现自己的工作前景堪忧。更糟糕的是，他独自居住，也没有什么亲密的朋友。一天，一位同事建议他去上一个午间冥想课程。乔西试了试，但这种练习让他变得很情绪化，他觉得很不舒服，因此再也没去上过课。如果乔西

> 能够坚持冥想，也许会发现要改善自己的生活需要什么样的理念。
>
> 丽思一直在无休止地工作。她知道自己压力太大，试过冥想。尽管她很喜欢冥想，也能看到这样做的好处，却无法把它当作第一要务。几周过去，丽思不但没有放慢脚步来冥想，反而花了更多时间在工作上。不久之后她就开始在工作中出错，所有的事情似乎都开始分崩离析。丽思意识到，也许放慢脚步就可以避免她所做的那些糟糕的选择。但她没有意识到的是，她已经筋疲力尽，与自己的情绪和本能都断开了联结，而它们其实可以防止她做出这些错误决策的。冥想让人们可以更加清楚地意识到自己的想法和感受，这本来可以帮助丽思看清自己没有处于最佳状态。

如果让赛斯、乔西或者丽思花一些时间定期专注于自己的感受，他们很可能会说自己已经试过了，没有成功。除此之外，他们可能还会说，自己真的没有时间冥想。他们甚至会说，联系自己的情绪情感会降低自己的生产力。对一些人来说，专注于自己的感受可能很困难或者很不舒服，如果此时他们又已经忙得鸡飞狗跳，那就更难让他们相信放慢脚步来做这件事会有什么好处了。对于上述三个人以及其他许多人来说，逻辑好像的确是这样。但实际情况并非如此。我们并不一定需要停止思考或者降低生产力才能意识到自己的情绪、情感，我们知道如何舒适地体验自己所有的情绪即可。

## 既像又不像心智觉知式的冥想

"驾驭野马"（Ride the Wild Horse，访问 Helpguide.org 可免费获取）既像又不像心智觉知式的冥想。与心智觉知式冥想相似，"驾驭野马"也是一种放松的程序，让人可以放慢思维，并专注于内在的体验。它让人们将意识聚焦于每时每刻变化的心理和情感体验。

除了从整体上让忙碌的头脑安静下来以及放松紧张的身体外，"驾驭野马"还有其他的目标。其中之一就是教练习者识别出威胁的感受或者会触发这种感受的事件，然后在自动化的战斗/逃跑/僵直反应占上风之前迅速把压力带回平衡状态。还有一个目标是让练习者保持专注，不仅仅是在练习冥想时，在感受到压力的挑战时也可以专注一整天。

对于我们许多人来说，当感觉到威胁或者快要被压力压垮时，要想保持专注似乎是一件不可能的事。很少有人知道如何抵消面对压力时的自动化战斗或逃跑反应，有些人甚至无法意识到自己正承担着很大的压力，这让他们更加不可能以高效的方式做出反应。

## 过度的压力会妨碍练习自我意识的心智觉知

所有的冥想练习，包括"驾驭野马"在内，如果是关起门来自己练习或者是在一个让人感觉安全的团体内练习，都可以放松心情、减轻压力。但如果你想在平时的生活中依靠那些在安全环境下所练习的技能，就仍有可能感到受威胁或者被压力压垮。你可能会问自己，为什么自身的专注力和管理压力的能力都失灵了。在刚开始面对现实世界时无法使用练习过的技能，这是很正常的现象。记住，在你第一次把车开上高速公路之前，先在家附近找一条僻静、安全的街道练习一下。一旦你在家附近开车游刃有余了，就可以开始探索繁忙一些的马路，最后就会有足够的信心上高速了。"驾驭野马"式的冥想也是这样起作用的。

有一点很重要，没有一种冥想方式可以让你每一次都完全停止自动化的反应。有一些人哪怕在体验到极端的压力时也不会被压垮，但这样的人少之又少。我们大部分人偶尔都会丧失冷静的头脑。但如果我们能够认识到这种情况，并且知道该做些什么，就能以正确的方式做出反应，迅速恢复到平静状态。

## "驾驭野马"有何独特之处

对于那些感觉情绪失控的人来说，这听上去似乎与他们的目标相反，但如果你花时间识别和观察这种快要压垮自己的感受，尤其是那些消极的感受，那么就会拥有更强大的能力来自信地探索人生。这就是"驾驭野马"可以帮你做到的。

冥想让你可以在面对压力过大或者可能引发反射性反应的情况下仍然保持平静和专注。它所带来的情绪自我意识可以帮助你判断在某个特定时刻所做的选择是否正确。

了解自己的感受可以消除困惑，并帮助你更明智地利用自己的资源。如果你头脑清楚，又能合理利用资源，那么你的创造性和问题解决能力都会提高一大截。此外，由于情绪意识可以让你更好地理解他人和你自己，因此学会与自己的感觉建立联结可以帮助你与他人和自我保持联结。

## 让信使离开前应该先听清楚信息是什么

有一些冥想练习鼓励人们在体验到不愉快的情绪时立刻释放它们。但是如果你这样做，就会错过情绪所传达的信息，而理解这种信息非常重要。如果你能在无法承受之前就迅速减轻情绪的强度，而非立刻赶走它们，那么就可以在感觉流走之前从它那里了解一些东西。

举例而言，失眠是很常见的问题，因为在忙碌的白天，我们钝化了许多感受，而当晚上上床的时候，这些感受常常会浮出表面。我们可能会在床上躺好几个小时却得不到一点儿休息。但如果我们在白天能够意识到并且包容自己的情绪，那么就有可能在晚上睡得更安详。花时间审视让自己难过的情绪、情感，而不是等到晚上才去回想它们，这可以帮助我们更好地理解这些感受所包含的真实意义。当我们花时间理解情绪的时候，情绪有可能发生变化，这种情况并不少见。刚开始时我们可能感觉悲伤或愤怒，但是在进一步反思之后，悲伤的感觉可能会转变成恐惧或者愤怒，而愤怒的感觉可能会变成悲伤或恐惧。就算最终的信息让人感到痛苦，但是有更多的心理和情绪资源参与其中，我们最终也能更好地应对。

## "驾驭野马"式的冥想对脑的探索更多

在练习"驾驭野马"这类冥想技术时,当下的感受成了我们主要的注意焦点。但是之后当我们从冥想状态走出来时,主要的焦点就从感受转移到了思维上。我们仍然会继续体验到自己的情绪、情感,只是没有之前那么强烈和专注了。只要我们没有感觉到即时的危险,就不必为了意识到自己的感受而停止思考。

一旦我们可以去体验和驾驭汹涌而来的情绪,就能够利用脑中更多的资源,包括情绪和思维的部分。做到这一点,我们就不会再害怕自己的感受,在理性思考的同时也可以意识到身体和情绪的感觉。与此相似,在感受到强烈的情绪时,我们也可以调动理性的资源。在思考的时候去感受,在感受的时候去思考,结果就是我们会变得更有智慧、更高产,更加能够感受到他人的爱,也让他人感受到爱。

## 对困难的深入思考会让我们更快乐

当我们像练习"驾驭野马"冥想法时一样与自己的情绪、情感建立联结,会对自我有更多的了解,这种了解可能令人愉快,也可能并不合心意。想知道自己的感受,第一步是要知道自己是谁。情绪、情感会告诉我们关于自我的真相。我们是否像自己想的那样快乐而满意?是否会像自己以为的那样失望或不满?我们对自己的想法与对自己的感受真的一样吗?

对自我的发现可以引导我们走向正确的方向，或者在走错方向时阻止我们。高度的自我意识和自我理解可以帮助我们在生活中感受到更多的爱。通常这种对自我的发现是在练习过程中突然出现的。杰奎琳的经历就是如此。

### 这个女孩惊讶地发现自己的感觉有多好

杰奎琳四岁的时候跟随家人移民到美国，但是不久后她父亲就去世了，母亲因为精神崩溃而被收容进了精神病院。由于没有任何亲人可以照顾杰奎琳，她被送到了一家孤儿院，并在那里度过了整个童年时期。这家孤儿院拥有充足的资金，如果没有进入这里，杰奎琳也许无法得到可与之媲美的教育和文化机遇。然而这些福利并不能弥补她没有自己的家这一事实。孤儿院的工作人员都很和善、体贴，但她从来没有访客。杰奎琳在内心深处一直承受着孤单于世的重负。

作为一名聪明的学生，杰奎琳离开孤儿院后以全额奖学金进入了大学。在那里，她遇到了自己的第一任丈夫卡尔，但这场婚姻并不持久，因为卡尔发现杰奎琳太过敏感易怒。每走错一步都是一场灾难，这让没什么耐心的卡尔开始抱怨与杰奎琳在一起如履薄冰。离婚的结局加重了杰奎琳心中的重担，但她强迫自己重新面对生活，继续前进。她重返校园，并且又遇到了可以结婚的对象。

杰奎琳的第二任丈夫丹尼尔是学校里一位很受欢迎的教授。他岁数有点大，为人格外友善、沉着，非常好相处。丹

> 尼尔可以从容地应对杰奎琳的不安全感，并且可以给予她一直所需要的关注和理解。丹尼尔对杰奎琳所做的事和她的感受都很有兴趣。他不仅成了她钟爱的丈夫，还是一位心灵导师，以及她从来不曾了解的家长。
>
> 丹尼尔和杰奎琳有四个孩子，杰奎琳也开始在校园生活中变得活跃起来。尽管被亲爱的家人所环绕，杰奎琳还是会体验到自童年起就不断出现的抑郁情绪。她曾试着通过心理治疗来探索这些感受，但是当她的治疗师建议她服用抗抑郁药后她就不再去了。杰奎琳并没有去找医生开处方药，她想探索其他的可能性。校园生活为她提供了许多的探索机会，其中之一就是我教授的一门心智觉知冥想课。
>
> 杰奎琳一直是一位很认真的学生，她每天都练习冥想，专注于自己内在的体验。刚开始时，"驾驭野马"冥想法让她敏锐地意识到自己曾经体验过的重负感，但后来一些令人惊讶的事情意想不到地发生了。沉重感逐渐退却，取而代之的是一种更为轻快、愉悦的感觉。最终，她胸膛中令人沮丧的沉重感完全消失了，在原来的位置上出现了一种温暖、通透的感受，为她带来了安全与保护。

反思自己的情绪让杰奎琳看到自己作为一个人而产生的改变。通过花时间关注自己自童年时期就开始经历的沉重感，她开始意识到一些发生了变化的不同感受。当杰奎琳花时间探索这种变化时，她发现了一种全新的感受，这种感受带给她的是愉悦而不是痛苦。

## 感受是会发生变化的，但如果我们不留心就无法注意到

生活不会一直像我们所希望的那样。在多年的时间里，杰奎琳体验了各种各样的感受。她的内在体验并不总是乐观积极。有时她觉得温暖而安全，但有时又会觉得无论是自我还是他人都让她感觉不舒服、不快乐。不过由于这些感受都没有停留很长时间，所以她包容地接受了这些感受，并且从中学到了一些东西。

在鼓足勇气去关注之前一直伴随着自己的伤痛感受后，杰奎琳发现她的内在体验已经从童年时期开始变好了。情绪意识不再像以前那样让人痛苦。此外，她还发现自己所有的情绪都是有目的的；一点一滴的感受都能让她更了解自己，而这种了解可以帮助她改善生活，使之变成现在这种令人安心的样子。

她的丈夫丹尼尔在小时候就已经学会了对自己的情绪保持意识并留心他人的感受。他对杰奎琳的理解和共情让她在人生中第一次感受到了安全感。但如果杰奎琳没有努力去认识自己的感受，她可能仍然会停滞不前，放不下旧有的记忆和不安全感，而这些已经与她新的体验不一致了。

时间和经历会让人脑发生变化，它的外在表现是我们的感受发生了变化。当体验变得更好时，我们自身也会变得更好。如果我们变得更明智或者生活更有安全感，那么就有机会重新审视对自我的感受。当然，我们既需要体察艰难和伤痛的感受，也需要关注那些可以带来欢乐的感受。但我们对不愉快的感受探索得越多，就越能

体验到令人愉悦的情绪，让我们与自我和他人变得越发亲密。

## 促进自我意识的练习可以帮助我们做真实的自己

"驾驭野马"冥想法帮助我们增强情绪的力量，我们需要这些力量来区分他人想从我们这里得到什么以及我们真正需要的是什么。当朋友或爱人给我们提出建议，而我们对自己有全面的意识时，就能够区分出自己的需求和他们的需求，并做出经过深思熟虑的明智选择。在这个过程中，我们可以考虑下面这些问题：

- 对于他人的建议，我们的真实感受是什么？
- 对于这个特定的建议或计划，我们的感受是积极的还是消极的？
- 对于这种建议，我们的兴奋程度、感兴趣程度以及投入程度如何？
- 我们的自我中有多大一部分愿意践行这种建议？
- 他们提出的建议让我们在多大程度上感到恐惧或受到威胁？

这些问题可以帮助我们理解和欣赏自我，让我们的决策过程更加明智。这类问题不仅仅可以帮助我们澄清差异，还能帮助我们成功地处理这些差异。

## 反思自己的感受会带来满意感

学会让压力和情绪保持在舒适的平衡范围内，可以让自我探索的过程变得更加愉悦。当我们专注于当下的体验，就会发现生活中的许多小事都令人感到愉快。比如朋友温暖的声音，喜欢的食物的香气或者心爱之人温柔的爱抚，这些都会提醒我们生活中有些部分是甜美而有价值的。

心智觉知式的反思可以帮助我们更清楚地看到哪些事情是有可能的，而哪些是不可能的，这会保存我们的时间和精力，减少挫败感。生活中有些事是无法改变的。有些人就是不愿意以不同的方式行事，有些形势就是无法扭转，有些关系就是无法修复，有些东西失去就会永远失去。但情况也并不总是如此。通过关注那些可能的事和那些可以控制的事，我们可以学会接受那些无法控制的事。生活总是有失有得，如果我们能同时看到这两者的存在，生活就会变得更好。

## 让人更加容易感觉被爱的"野马"

当我们与自己的情绪保持联结的时候，爱的感觉就会在生活中发挥主导作用。学会包容和理解自己的感受之后，我们就会更容易地识别出那些能够透露他人感受的线索。我们可以听出孩子声音中的悲伤、困惑或者恐惧，于是会放下手里的事去关心地倾听他们。我们可以看出我们所关心的人眼中的伤痛或愤怒，于是会去尽力理解他们的感受。如果我们与自己的感受保持联结，就更有可能向他人奉献更多的自我，那时我们会发现生活中的爱意比我们曾经所以为的要多。

我们越关心别人，对他们的爱就会越多。这是不由自主就会发生的事，因为我们的脑就是这样运行的。我记得有这样一出很精彩的喜剧：一个自私的男人在意识到自己破产之后娶了一个很富有的女人。这个年轻的女人无助又笨拙，但同时也很慷慨大方。当这个男人开始关心和保护这个女人之后，渐渐爱上了这个女人，连自己都顾不上了。此外，尽管他为自己的难以相处感到自豪，但也不得不勉强承认，他产生了被爱的感觉。人生中第一次，他感觉到了满足。

与需要被他人所爱相比，无法给予他人爱计我们承受了同样多的痛苦，有时甚至更多。当我们不爱别人，或者没有能力爱别人的时候，就不太有可能比得过那些有爱的人。关心他人以及为他们做一些事情是帮助我们自己生存的一种方式。

## 不是只有坐下来才能冥想

我们大部分人的生活都是满满的，需要放慢脚步，把不停竞争的思维转向更为平和的反思。这并不一定表示我们需要停止行动。"驾驭野马"和其他一些冥想的方式并不总是在静坐的时候才可以练习。冥想可以在走动的时候练习，也能以不同的形式练习。

尽管我们可以在走动的过程中冥想，但仍然需要从一种高速、依赖技术、以问题为导向的方式转变成一种速度较慢、更加深层的存在方式。就像是在游泳的时候从流速较快的浅溪游向水流较慢的深层水域。

有些冥想方式让我们每时每刻都与自己的感受联结在一起，它也能够以艺术的形式出现，比如舞蹈和歌唱。下面这个关于波拉的故事就向我们展示了这一点。

### 需要唱歌的医学生

我只见过这位叫作波拉的患者一次，但从来没有忘记过她，因为她向我展示出如果一个人与自己的感受建立联结，她的体验会完全改变。波拉向我介绍自己时说，她还有不到一年就要从医学院毕业了，成绩在班里名列前茅。尽管已经走到了今天，并且成绩这么好，但她想退学。她觉得自己无法再继续忍受下去了。在过去的三年多里，波拉除了学习几乎什么都没干，她一想到要读更多的书、看更多的尸体或者坐在教室再多上一堂课就感觉厌恶。由于波拉对于与医学院有关的所有事都表现出极端的憎恶，因此我问她当初为什么申请了医学院。那时她为什么觉得自己想当一名医生呢？

波拉解释说她一直很喜欢孩子，梦想成为一名儿科医生。高中时她在一家儿童收容所做志愿者，每周末都去那里给孩子们唱歌、弹吉他，想让他们高兴起来。这种经历让她觉得很值得，也让她开始想要帮助儿童。我问波拉，上医学院的时候她是否继续在做这些志愿工作。

"没有。"她说道，"我都有三年多没有接触过孩子了。我没有时间，白天晚上都在学习，这样才能让分数不下降。"

"如果你少学一点儿会怎么样？"我问她，"你有没有考虑过给这类志愿工作拨出一点儿时间？毕竟是这项工作让你当

> 初想学医的。如果你不把所有的时间都放在学习上,而是开始给那些需要爱和关注的孩子们弹吉他、唱歌,会怎么样呢?"
>
> "那我在医学院很可能毕不了业的。"她说。
>
> "反正你无论如何都打算退学了,又有什么损失呢?"我问道。
>
> 波拉同意仔细考虑一下我们的对话,然后告诉我她的决定。差不多一年以后,在我刚刚放弃希望觉得波拉不会联系我时,她给我打了一个电话。她告诉我说自己又恢复了志愿者工作,也从医学院毕业了。
>
> "你感觉怎么样?"我问道,"最后一年也和前三年一样不愉快吗?"
>
> "学业其实一点儿也不难。"她说,"我并不讨厌学习,其实还挺喜欢的,因为我能感觉到自己的学习与我在周末给他们弹吉他唱歌的那些孩子之间是有关系的。我可以把自己沉浸在音乐里,哪怕只是为了短短的片刻。"波拉并没有像以前那样拼命学习,毕业的时候也没有在班里名列前茅,但是她所做的比自己的预期要好得多,足以让她在一家知名的儿童医院里做实习医生了。

如果某种冥想方式可以让我们把焦点转向内在情绪,那么就会改变我们对事物的体验。有时我们会发现自己并不喜欢正在做的事,但如果我们能像波拉那样去质疑当下的情形,可能就会发现解决问题的办法。要做出最好的决策,常常需要意识到自己的感受以及为何会产生这种感受。许多忙碌的人都需要一个转换的过程来发现自己内在的焦点，但并不是每个人都是以这种静坐的方式完成的。有些人是通过艺术实现的。

人们能够以更为活跃的方式专注于自己的感受。演奏乐器、画画或者跳舞以及其他许多形式都可以扩展你的意识，让体验发生翻天覆地的变化。对理智越专注，就越需要转换一种练习方式，让头脑和心灵可以联结在一起，就像波拉所做的那样。这个过程还可以让我们看到生活中有一些出人意料的好事情。

## 驾驭情感是一种在你忙个不停时也能完成的冥想

对我们发展于狩猎－采集食物时期的脑来说，世界如此多变，运行速度太快，而且让人感到混乱。在这种情况下，想让自己的生活回到正轨，有一个好办法就是与自己的感受保持联结。如果将其作为一种生活方式，而不是一种时隐时现的体验，那么它还可以帮助你保持专注。你不再觉得受命运左右，而是掌握主动权，变成一位明智的决策者。如果能一直对自己的内在体验保持意识，你就会拥有以前不曾有过的选择。你可以学会在行动前进行分析，在说出或做出让自己后悔的事之前先等待。你可以明白什么时候自己感觉被爱，什么时候没有感觉到被爱，什么时候身边的人可以感受到你的爱，什么时候你做出的选择真正满足了自己的需求。

如果某种冥想方式可以让我们一整天都与自己的感受保持联结，那么它就可以帮助我们发现生活的意义。混乱带来压力，这会让我们在失联的世界里漂流，没有满足感。如果能在混乱中开辟一条道路，我们就会在"自我"中发现能让自己安定下来的港湾。就像乌龟走到哪里都有一个保护壳一样，我们发现的这种资源也可以一直保护我们的安全感和幸福感。当情绪的自我意识以及它所培养出的同情心成为一种习惯之后，我们就拥有了智慧和力量的源泉，可以在余生把爱带进自己的生活里。

# 第8章

# 用于改变的工具组合

与其他任何事物相比,要想获得被爱的感觉,最大的障碍就是当下的紧张情绪所引发的令人难以承受的压力。人们的经验一次又一次地证明了这一点,不过我们可以学会认识和管理每时每刻的情绪压力。只要利用适当的工具,我们就可以敏锐地观察自己,并在被压垮之前采取行动来减少压力。这样做不仅可以在很大程度上改善身体和情绪健康,还能让我们更有可能感受到他人的爱。

本章会介绍两种即时压力管理工具。这些工具可以帮助我们建立管理压力所需的技能,维持情绪意识,并且保持对自我的控制。

本章只是介绍了这些工具的梗概，但是你可以在Helpguide.org网站上一个叫作"情商工具包"（Emotional Intelligence Toolkit）的版块里获得免费的逐步指导。使用个人电脑、平板电脑或智能手机都可以访问这个网站和其中的工具。

## "用爱替换压力"的工具包

Helpguide.org上的工具包可以指引你学会两项基本技能。其中一项可以让你在当下迅速减轻压力；另一项教你如何保持情绪意识，以及与自己身体和情绪上的感受保持联结。新生儿在学会说话前需要一些非言语的技能来让看护者给他们带来安全感，并且从情绪上理解他们。工具包中的两项技能与新生儿所需的技能非常相似，如果新生儿都可以学会，那么你也可以。工具包中的第一件工具是"快速压力释放"，下面的故事展示了这件工具可以产生的影响力。

## 一个可以让家长不再打孩子的减压项目

我在2004年协调过一次社区儿童发展大会，之后组织了一次试点研究，探索如何用感官刺激迅速减少压力。洛杉矶的一个日托及课后管理班里有一些基督教女青年会（YWCA）的教师和助教，我们培训她们在自己和她们所照管的儿童身上识别三种压力反应模式，然后教这些教师和助教一些可以快速释放那些压力的方法。

那里的孩子大部分来自家长努力工作的单亲家庭，因此这些孩子会在这个管理班里待很长时间。有些两岁的小孩子一天会在这个班里待十个小时而见不到父母。到一天结束的时候，由于饥饿和疲倦，班里会变得很混乱，压力过大的孩子们会被家长接走，而这些家长也常常压力过大。有些孩子太过退缩，甚至不和自己的家长打招呼，还有一些孩子要么是在哭闹，要么很快就和自己的兄弟姐妹打了起来。

我们的那项试点研究向这些孩子介绍了各种感官体验，让他们理解自己正在快速发展的大脑很容易受到压力的影响。我们培训老师识别出战斗、逃跑或僵直的压力反应，以及为什么每个人都有一种偏好的反应方式。通过理解自己对压力的反应模式，这些老师学会了识别自己所管理的孩子是否处于不平衡状态。然后，我们教老师利用感觉输入的方法来快速帮助孩子从过多压力的状态回到平衡状态。

他们学会了减压与感觉输入之间的关系，根据这种新的知识，老师创造了一个丰富的感官环境，让孩子们一整天都可以得到各种各样的感官刺激。学校的墙壁包裹着的似乎是快乐的源泉，好像在美术课上出现了一道靓丽的彩虹。每当孩子们休息或者吃饭的时候，老师都会督促他们去闻一闻食物的香气，品尝它们的味道，还会让他们听舒缓心情的音乐和自然之声。分发给孩子的点心在味道和颜色上都变得多种多样。对于有些快要失控的孩子，老师会让他们去操场上跑步，而那些太过安静的孩子会被安排到他们喜欢的老师身边坐着。有些孩子可以开始认识到自己的压力，甚至在老师指出问题之前就开始寻求帮助。

不久之后，家长们在每天接孩子的时候开始注意到孩子发生了翻天覆地的变化。他们问孩子发生了什么，孩子说了关于这项研究的事。许多家长都询问自己能否也接受这样的培训，我们同意了他们的请求。很快，接受培训的家长意识到以前孩子之所以做那些"坏"事，是因为孩子不知道该如何管理自己的压力。课后管理班中有一些大一点儿的孩子还想学习更多有关压力控制的知识，因此我们还为那些十岁以上的孩子提供周末的培训。

九个月后，第一批得到培训的 YWCA 的老师培训了一批新的老师，而我和一些接受过培训的家长进行了访谈。我请他们诚实地告诉我，他们所学的东西是否带来了任何不一样的结果。许多人给我的答案都让人相当惊讶。他们说："我不再打孩子了。"当我问他们为什么改变了这种行为时，他们回答道："因为我发现了更好的方式来管理孩子的行为。"一位家长告诉我说："我看到自己的每一个孩子都以不同的方式应对压力。当我十岁的儿子发脾气时，我会让他沿着街区跑步，但是当我八岁的女儿开始不受控制地大哭时，我会让她到我身边来坐一会儿。"老师们给自己的班级录了像，并且报告说他们看到孩子开始以不同的方式对待彼此。最值得注意的是，以前老是欺负人的孩子现在学会了和别的孩子交谈，有时甚至还会安慰他们。这是多么大的变化啊。

这项培训已经成功重复了许多次，接受培训的对象包括家长、祖父母、青春期和青春期前的孩子以及需要特别保护的年轻成年人。

对于压力有两种快速的应对方式。之前的一些章节中，我们主要谈的一种方法是与某个我们所信任的人交谈，这样做很有效。但不可能一直有一个人7×24小时随叫随到，我们还需要学会自己一个人的时候也能迅速把压力带回平衡状态。就像上面的故事中所讲的家长、老师和孩子一样，我们也能认识到自己对压力的反应方式，并且能够利用自己的感觉把压力带回平衡状态。

## 我们都拥有自己的方法，可以迅速减轻当下的压力

我们需要依靠自己迅速减轻当下的压力。人们已经发展出许多出色的减压技术，但是大部分技术都需要花一定的时间才能起效，而在我们意识到压力即将失控与我们因为感受到威胁而做出自动化的反应之间只有几秒钟，因此这些技术无法满足需求。面对威胁（无论是真实的威胁还是想象中的威胁）时的自动化反应是很迅速的。我们与朋友、同事或者爱人对质的时候是不可能停下来去做一套瑜伽或者到街上跑几圈的。好在我们还有其他办法可以采纳。

我们都有自己的感觉偏好，一旦与这种感觉相契合，就可以立刻让自己放松和专注起来。当对声音有特殊契合感的人听到自己最喜欢的歌声或者旋律时，就可以立即平静下来。对视觉特别敏感的人在看到一种特殊的颜色、一幅特殊的图画或者一个特殊的场景时，也可以立刻放松下来。而那些对触觉敏感的人在感受到抚慰时会立刻变得更镇定。

## "快速压力释放"的技术是一种我们在面对压力时可以主动发起的快速响应模式

面对压力时,最快速的响应模式就是看到一张让人信任的面孔,他正带着温柔和爱意看你。效果稍差一点儿的模式就是听到、看到、感觉到、闻到或者尝到一些可以立刻让你感到平静、舒适的东西,或是做一些有这类效果的动作。比如,把手掌按在特定的地方,感受它的触觉;抬起头感受宁静的天空;抚摸身边的一株植物或者闻一朵花的香气;闭上眼睛倾听汽车驶过时的马达声或人们聊天的背景声;含一口薄荷,细细品尝它的味道;或是在摇椅上摇晃。

要想探索自己的感觉偏好,最好回想一下你在小时候是如何让自己镇定下来的。当你发现某种感觉可以让你既平静又充满能量,就花一点儿时间去领悟它。深呼吸,注意自己身体的感觉,领会那种感觉,然后闭着眼睛重复记忆中的体验。举个例子,你可能很清楚地记得一张面孔、一次触摸、一种味道或者一种香气,它们可以对你的神经系统产生足以与当下的体验媲美的效果。

感觉偏好因人而异。没有两个人的神经系统是完全一样的,因此也不会有两个人的感觉偏好是一样的。这意味着每个人所需要的音乐、触感、香气或者令人镇定的视像都是不一样的。你需要去探索自己的感觉偏好,发现那些对你的神经系统有最强渗透作用的体验。

## 一种工具不能修理所有故障

当我们在开车的时候，后边的人不停按喇叭；当我们被他人环绕时却感觉孤单；当我们所爱的人突然说出一些话或者做出一些事让我们感到愤怒、受伤或者受到威胁……这些时候我们手边需要有一种或多种感觉工具。根据场合的不同，有些工具会比其他工具更快地帮助我们释放压力。

还有一些时候，我们也许正在开商务会议、正在讲电话、正在排队，或者不得不和一些会激发我们强烈情绪的人待在一间屋子里。这种时刻，手边如果只有一种感觉工具，可能不足以让你保持放松和专注，从而可以表现得比较有建设性。我们需要一个足够大的感觉工具包，以便在各种各样的环境和充满挑战的情形中通行。此外，我们还需要另一件工具来帮忙适应周围环境所产生的影响，这件工具可以帮助我们识别和降低社交与情感压力。

## "驾驭野马"冥想法是工具包中的第二件工具

每时每刻的情绪意识是与生俱来的，但是基于许多原因，你可能已经失去了这种能力。可喜的是，你仍然可以通过学习重新了解如何与自己所有的情绪、情感建立联结。

### 一种帮助你保持放松、专注和情绪意识的冥想方法

"驾驭野马"是一种心智觉知式的冥想方法，这种方法无论是

在安静还是活跃的情况下，无论是睁着眼还是闭着眼，都可以完成。第一步是一个放松过程，它可以帮助你在醒来时就体验到自己的感觉，还会指导你如何与情绪、情感保持联结。

如果你在走动的时候想要练习这种冥想法，首先需要记住这种方法。然后，在确保没有危险伤害的情况下，你可以练习如何在忙碌的情况下完成这一方法。举例而言，你可以走在某个平整的地面上，或者在游泳池里游泳的时候练习。在这两种情形中，你可以使用一个铃声很大的计时器来提醒自己时间到了。

任何冥想的方法都可能是一种挑战，尤其当某种冥想方法需要我们专注于自己的感觉和情绪，而这些感觉和情绪却可能让人害怕的时候。由于每个人不同的生活经历，你可能会担心被愤怒或者悲伤这样的情绪控制，并且令你难以招架。这就是为什么我不建议你在一开始的时候就学习"驾驭野马"，而是应该先熟悉"快速压力释放"，等你有信心可以迅速控制那些让你感觉不舒服和失控的压力时，再开始学习"驾驭野马"才比较合适。有情绪是一件好事，但是如果你感到害怕，那么情绪体验也可能变成一种压力。因此从一开始时，你就应该确保自己对"驾驭野马"的情绪探索是安全而可控的，这一点很重要。

### 驾驭你的野马

"驾驭野马"一开始要收缩部分身体，可以从头到脚，也可以从脚到头，目的是放松这些部位，并且让你对这些部位所包含的感觉有更强的意识。在中间的冥想过程中，开始搜寻身体中与其他部分感觉不一样的地方。这些突出的感觉也许是更强烈，也许是带有更强的情绪，也有可能是比身体其他部分更紧张（突出的感觉还有可能是麻木感）。一旦你找到了这个部分，更深层的冥想会促使你关注一种轻微忧虑的感觉，大约持续十分钟左右。最后，最深层的冥想会让你专注于更紧张的感觉，这个阶段会持续较长的时间。你可以在本书的附录部分找到"驾驭野马"四个阶段的所有文本。

中途可能会出现一些对你产生干扰的想法，但是当你注意到这些想法的时候，做一次深呼吸，可以把注意力带回到对身体感觉和情绪感觉的体验上来。一旦你记住了这种冥想方法，就可以很容易专注于身体和情绪的感受。此外，你也可以和其他人一起练习"驾驭野马"。

如果你怀疑或者确定自己曾经经受过创伤，可能会觉得在身体中识别身体和情绪感觉较为困难。如果你愿意慢慢来，多给这个过程一些耐心，那么这就不会产生什么问题。具体的做法通常是依靠"快速压力释放"法，以及把练习的时间缩短，直到你感觉舒服一些再进行下一步。在练习的过程中，如果有条件获得心理治疗师的支持也会比较有帮助。

许多新的习惯都需要大约两三个月才能形成，并且要经过几年的持续练习才能完全同化它们。但如果你每天都练习"驾驭野马"，那么可能只需要一个月的时间就可以成功地形成这种新习惯。如果你的练习方法正确，那么每一次练习之后，你的感觉和情绪都应该更加锐化，你也会变得更加精力充沛、头脑更清醒。随即，你会开始在自己和他人身上注意到一些以前没有注意过的事。你会开始看到一些非言语线索，提醒你在自己和他人身上存在的机遇和问题。你会开始更多地去感受，更少地去思考。你会注意到自己对他人的敏感性也增加了。

### 驾驭可以改变你的生活

"驾驭野马"的冥想法之所以能带来这些好处，是因为它探索了一些你能强烈感受到的东西。通过把能量专注于困难和充满挑战的感受，你才真正可以开始减轻这些感受所带来的压力。此外，通过专注于在情绪和身体上令人感到不舒服的事，你可以驱散它周围充满压力的能量，重新获得对事态的控制。在一开始时，这个微妙的过程可能并不容易，也很难理解，但是通过练习，冥想的效果就会逐渐清晰：你可以获得驾驭压力的力量，拥有更强的情感意识。

尽管我们对专注于思考这件事比专注于自己的感受更熟悉，但这两个过程可以说是同时发生的。尤其是在你学习"驾驭野马"冥想法的时候，思维会悄悄地潜入，转移你对感觉的注意力。之后，一旦你熟悉了这项练习，就会开始注意到，尽管不再专注于自己的感受，但你仍然能够意识到自己当下的感觉。你在思考和计划日常活动时，尽管注意力不在自己的情绪情感上，但情绪意识仍然会以背景的形式存在着。

阻挡自己的情绪需要消耗大量的能量。一旦我们不再害怕体验自己的情绪，那些能量就可以用来做更有建设性的事。当我们同时进行思考和感受的时候，如果不去费力回避自己的感受，则可以有更多的能量用于思考。情绪智力的基础是我们意识到自己感受的能力，世界上许多地方的人都已经开始利用"驾驭野马"来提高情绪智力了。

从社交和人际层面而言，了解自我感受的能力让我们也可以了解他人的感受。它让我们有能力共情（理解他人的感受），并以适当的方式做出反应。这也是我们学会让他人感受到爱的关键。

## 除非养成习惯，否则我们需要的时候它未必会出现

唯有练习才能让新技能融会贯通。我们在几天内学到的东西可能需要用几个月甚至几年的时间才能永久掌握。几乎需要每天练习，直到新学会的内容深深嵌入你的脑海里，它才会持续地存在于你的生活中。如果做不到这一点，那么脑中既有的旧反应方式就会推翻新学到的内容。

所谓的"用进废退"不仅适用于肌肉力量，它也可以用来描述成年人学习新的心理技能或情绪技能。小孩子学习新技能之所以快，是因为他们会不断练习新学到的东西，直到它们成为一种老习惯为止。而成年人常常很难做到这一点。成年人会错误地认为，只要他们理解了某件事，就表示他们已经学会了这件事，然而事实并不一定如此。如果对新技能的理解没有能深深地融入头脑之中，那么在感觉到威胁和压力时自动化的反应可以轻易战胜这种不牢靠的理解。

## 一种让你可以迎风而上的习惯

已经有许多人学习过"驾驭野马"冥想法,有的是自学的,有的是在或大或小的团体中学习的。其中最不寻常的是一组日本的经理人,因为他们是在一种非支持性环境中学习的,结果却是学得又快又全面。

> **一群经历过创伤的经理人通过与情绪、情感建立联结来治愈自己**
>
> 我曾经应邀为一家日本公司做一个工作坊,这家公司有35位非常有经验的经理人在工作岗位上的表现停滞不前。公司最近缩减规模,减少了这些经理人所管理的员工数量。这一变化让经理们受到了创伤,他们几乎无法完成任何事。出现这一问题似乎是因为他们觉得缩减规模的事让他们丢了面子,而表达自己的情绪又让他们觉得很不专业,因此问题变得更加严重。我被请去帮助这些人克服文化禁忌,重新与自己的情绪、情感建立联结,从而让他们重获能量和动机,进而高效地工作。
>
> 工作坊持续了五天五夜,最后一天是把他们所学的东西整合到一种冷淡的文化环境中。要想在这么短的时间里成功做到这一点,他们的核心信念和习惯都需要产生翻天覆地的变化。有些事是对此有利的:我们不会受到打扰,而这些经理人也非常希望恢复以前的工作水平。公司领导也大力支持,他公开赞同工作坊关于情绪的主题,并且确保参与者们相信,这位领导非常重视他们每一个人。

> 这组人白天学习"驾驭野马"冥想法,并在面谈环节分享自的情绪、情感。晚上他们会发挥自己制造工程师的能力,做一些创意项目,从而可以看看把情绪力量转换成工作的成果。其中有一些是我一生中见过的最出色的设计之一。在一天结束时,这些工作成果的质量促使这些人下定决心探索他们已经遗忘了的情绪、情感。
>
> 在我做培训师的那么多年里,从来没有见过有其他小组的人可以释放出这么多原始的情绪或者产生这么多支持和共情。在这种欢迎情绪表达的环境中,没有人再抑制自己以前或现在的愤怒、悲伤和快乐。在第四天结束的时候,许多产生过创伤的丧失经验都浮出水面,并且被爱和安全感取代。工作坊的最后一天是学习一些策略来留住已经学到的内容。工作坊的结束仪式是一场传统的晚宴,那个场合中充满了相互感激和爱的感觉。
>
> 两年之后,我接到了那家公司一位代表的电话,他告诉我说,所有的参与者都成功地恢复了自己的管理角色。他们在工作坊的最后一天制订了一个计划,以后每个月都聚会一次,互相分享自己的感受。此外,每位成员每周都会与自己管理的人开会讨论与工作相关的感受。在两年多的时间里,这项常规日程让工作坊所带来的变化成功地持续了下去。

正常情况下,要想在几天之内让那些不习惯或不熟悉自己情绪、情感的人发展出情绪意识是很难的。上面故事中描述的环境没有外界干扰,带有强烈的社会支持,并且整个小组的人动机很强,这才出现了例外的结果。

如果我们能在生活中设立特定的空间来进行练习，那么即使是在情绪不友好的环境中，新的练习也可以坚持下去，尤其是在新技能可以应用于社交场合并且我们是和他人一起练习的时候。人脑具有很强的社交属性，因此社交环境会对其产生刺激作用。

## 让自己为成功的学习做好准备

学习一套新的技能是需要花费精力的，而且并不容易，尤其是在你因为抑郁、焦虑或其他挑战而筋疲力尽的时候。但如果你从简单的步骤开始，在一天中精力比较好的时候一小步一小步地练习，那么学会新技能可能也不像你想象的那样难。记住，改变的过程都是进三步、退一步的。当你遇到障碍时，试着让自己放松一下。

本书提供的工具包中所含的这些技能利用的是你本来就已经拥有的资源：你的感觉和负责情绪的脑，它们一直处于备用状态，等着你去发掘和使用。最理想的状态是你每天可以拨出半个小时左右的时间学习工具包中的不同方法，但是一天多次、每次十分钟也可以。在练习的时候关闭你的手机，避免服用那些会让你困倦或者麻木情绪的物质，并且要启动脑中复杂的感官和情绪部分。

## 与他人交流可以帮助你记住所学到的东西

与他人面对面交流也是一种刺激头脑的方式，可以帮助我们记住所学的东西。当我们带着情感与人交流时会产生更大的影响力，给他人留下更强烈的印象。在沟通的过程中既用情、也用脑，这会产生深刻的疗愈作用，可以抚慰和治愈过去的伤痛。基于以上这些原因，我建议你在练习这些技能的时候面对面地向他人分享自己所学到的东西。

可以向任何愿意倾听的人谈论你的体验。记住，谈话的时候让自己的感觉也参与进来，观察他人的面部表情，倾听别人的声音，以及感受你自己的情绪。试着不要去解释这些体验，而是说出自己全身的感觉和体验。如果没有人可以让你舒适地谈论关于自己冥想的事，那么你也可以在日记中把它们写下来，就像你在和别人谈话一样。在写完你会对别人说的话之后，看着镜子中的自己大声地把这些话念出来。写日记和自我谈话的目的并不是替代与他人的沟通。尽管这种做法可能无法让你像和他人分享自己的感受时一样感觉被爱，但它仍然可以帮助你记忆这些信息。

## 学会从不同的方面刺激大脑发展

"情绪工具包"可以在 Helpguide.org 网站上找到，这是一个免费的工具组合，有视频、文字、音频和具体操作方法。通过使用各种不同的感觉方法，你可以建立一个能促进脑中神经元之间突触联结增加的环境。人的大脑终身可塑，这让我们可以建立新的联结，从而影响深层的记忆并产生生物学上的变化。此外，还能刺激情绪和社交学习的潜力，并加速整个过程。

要从不同的方面学习需要投入时间和精力,还需要每一步都稳扎稳打。我们的确希望取得进步,但也需要以一种放松的方式完成这一过程。每次学会新内容时都暂停并反思一下,给那些新内容一些时间来影响我们的头脑。

○ 第四部分

# 如何践行感觉被爱的科学

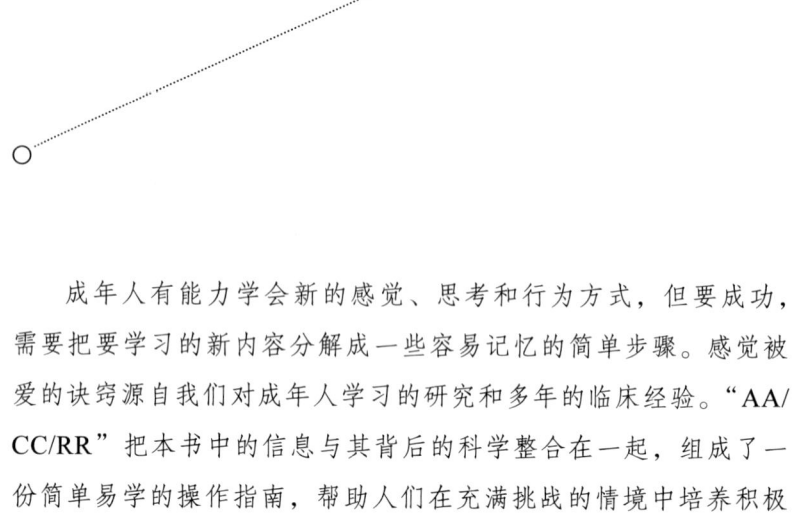

　　成年人有能力学会新的感觉、思考和行为方式，但要成功，需要把要学习的新内容分解成一些容易记忆的简单步骤。感觉被爱的诀窍源自我们对成年人学习的研究和多年的临床经验。"AA/CC/RR"把本书中的信息与其背后的科学整合在一起，组成了一份简单易学的操作指南，帮助人们在充满挑战的情境中培养积极的人际关系。这份指南整合了多重迷走神经理论、积极心理学、生物神经科学和情绪智力理论，提炼出了一套用于释放压力、与他人建立联结，以及在你感觉自己的舒适感或安全感受到威胁时可以成功解决问题的练习方法。

　　这份指南由六个小部分组成了三个大部分，每个大部分由两个字母代表。第一个大部分是 AA，提醒你首先**评估**（assess）你自己，然后**评估**他人，这需要我们放慢脚步，注意周围的情绪环境。这样做可以让感觉被爱背后的科学原理发挥作用，脑中负责情感和智力的部分可以完全参与其中。暂停并花一些时间来评价环境、压力水平以及你和他人当下的情绪状态是否合适，这可以让你稳扎稳打地开始第一步。AA 评估可以避免爬行动物在面对有威胁的情境时那种战斗或逃跑的反射性反应方式，这种反应方式通常对你没什么帮助，还常常会造成进一步的破坏。

接下来的部分是 CC，即**沟通**（communicate）和**联结**（connect），提醒你用可以建立信任、澄清困惑的方式倾听和交谈，从而达到解决问题的目的。在你解释自己的观点前，一定要仔细倾听并且理解问题对他人而言的紧迫性和重要性。在清楚自己和他人的需求之后，你才能在阐述自己的观点时不脱离对方或者你的问题。这种沟通方式会让那些甚至不同意你观点的人也能感觉到理解和重视。建立安全的交流环境可以激活人类神经系统中进化得最高级的部分，而这一点是人与人之间相互理解的基础。

在这份感觉被爱指南中，前四个小部分建立起来的相互信任可以让你成功地面对和解决最后两个小部分中的问题，也就是 RR 部分，**重塑**（reframe）和**反应**（respond）。沟通和联系可以加深你的理解，并且会拓宽或者重塑你的观点。从这个角度看，你将会以更为明智、更富创造力以及更为灵活的方式来反应。对于困难的问题，很少会有简单而直接的答案。大部分解决方案都需要经过调整才能恰好正确，有些则需要不断调整才能持续发挥作用。不过解决人际关系问题的方案通常没有解决问题的过程重要，因此这些调整并不会产生什么问题。实际上它们很有可能增进信任感。

在接下来这些短小的章节中，我介绍了一些我们在工作、家庭和亲密关系中可能会面对的困难。尽管这些情境会给人带来挑战，但是如果用感觉被爱指南（AA/CC/RR）所指导的行为来处理，它们也能让人学到新的东西并变得更加明智。挑战也能变成机遇，不仅能有效解决问题，还能改善你的人际关系，为生活带来满足感和持久的幸福感。

## 第 9 章

# 在紧张的工作关系中保持开放的沟通渠道

○ 感觉被爱指南 ○

**评估**你的压力、情绪意识和环境。
**评估**其他人在当前环境中的压力水平和舒适程度。
通过倾听情绪、情感,带着问题**沟通**。
在不脱离他人感受的情况下,通过表达自己的感受来建立**联结**。
**重塑**你对情境的认知。
根据调整过的认知,以行动做出**反应**。

## 与老板设定界限的女人

吉莉安在获得第一份工作时非常激动,那是一家知名的社会服务机构,专门为贫困家庭提供社会服务。她的同事都非常友好、乐于助人。办公室的上司是非常有名并且受人尊敬的菲丽思,尽管身患残疾需要坐轮椅,但她是以非常快的速度升到现在的职位上的。

吉莉安发现这份工作和她所希望的一样,充满挑战也很有意思。但后来发生的一些事让她差点儿离开了这个机构。吉莉安周六上班,周三休息,这项安排对她来说很合适,因为她喜欢打网球,而工作日比较容易订到公共网球场。那一次,吉莉安正准备在周三的时候去打网球,突然接到一个情绪激动的同事打来的电话。有一份急需的文件不见了,而之前吉莉安说自己见到过它。这位同事恳求吉莉安到办公室一趟,快速地看一眼。办公室就在去网球场的路上,所以吉莉安同意顺便过去一趟。

她穿着网球服冲进办公室,开始在放文件的抽屉里搜寻。最后她找到了那份丢失的文件,而这时菲丽思正好经过,看见吉莉安穿着超短的网球裙在弯腰找文件。菲丽思爆发了。她以几乎可以震碎玻璃的声音喊道:"你怎么敢穿得这么不职业就来上班了!"

吉莉安突然受到这种攻击,感觉受到了很大的屈辱,几乎喘不上气来。她当时头脑一片混乱,如果开口说话,都不知道自己会说出什么来,所以她转身走出了办公室,开车去赴之前订好的网球之约。奋力击球让她的头脑清醒了一些。

吉莉安知道，尽管自己热爱那份工作，但她不能在一种自己不受尊重的氛围内工作。她必须和菲丽思沟通一下，不过在这之前，她首先需要一些时间让自己冷静下来。

吉莉安第二天一大早上班的时候告诉菲丽思，如果方便的话，想和她单独谈几分钟。在菲丽思安排好谈话时间后，吉莉安坐到了这位上司的正对面，这样她们就能面对面地看到对方。吉莉安开门见山地问道，就算菲丽思有理由对自己感到不满，但怎么可以在这种公开场合表达自己的情绪呢？吉莉安的语调很平静，因此菲丽思毫无挂碍地告诉了她实情。"我当时太惊讶了，你穿着那么短的裙子弯腰找文件，我都能看到你的底裤了。形象对我来说很重要。我们所服务的大多是穷人，我希望他们感觉提供服务的是真正的专业人士。这间办公室不能容忍休闲装。"

吉莉安在回答菲丽思之前花了一些时间来理解她所说的话，"我很尊重你对着装问题的看法，但我昨天并不是来办公室上班的。你可能已经忘了，我周三是休息的。昨天我正准备去打网球的时候接到了一通紧急电话，让我顺路来办公室帮一个忙。我是来帮忙的，不应该遭到那样的当众羞辱。"吉莉安以平静而坚定的声音继续说道，"我来这里希望能学到东西，如果有人纠正我的错误，我会非常感激。我喜欢你，尊重你，也热爱这份工作。但如果我需要担心会被人大喊大叫或者当众羞辱，那我没办法在最大程度上发挥自己的能力。"

吉莉安耐心地等待着菲丽思消化自己刚才说的话和受伤的感受，以及这背后包含的决心。菲丽思沉默了一段时间，

> 这段时间似乎非常长，最后她说："对不起。我并不想伤害你或者令你感到尴尬，但这两件事我都做了。从来没有人这么清楚地向我讲述过我的愤怒对他们的影响。以后我会尽力避免对你发脾气。"
>
> 值得赞扬的是，菲丽思兑现了她对吉莉安的诺言。有时，菲丽思仍然会在公开场合对吉莉安的同事发脾气，但再也没有当众或私下冲吉莉安叫喊过。此外，在这次谈话之后，菲丽思一直很关照古莉安，在工作中给予她特别的关注和机遇，这在过去是没有发生过的。

在工作环境中，有许多伤感情的事本来是可以成功解决的，但我们没有做到。我们需要时间来消化和理解自己的感受，倾听他人的观点，以一种不带威胁的方式沟通，这样才能让同事在情感上与我们更亲近。

当你开始评估一个情境时，会意识到你和／或其他人需要停下来，等一段时间再开始说话或者做事情，这种情况并不少见。如果不是每一方都感觉足够安全和放松，可以清晰地思考并意识到自己的情绪，那么展开一段对话是没有意义的。

## 对质也可以变成一种机遇，让人可以在更深的层次上联结在一起

我们许多人都不好意思与人对质，因为我们认为这可能会让情

况变得更糟。但回避对质也很可能在人与人之间加入隔膜。

  怨恨的感觉可能会不断增长，最终让我们无法清晰地思考或者采取适当的行动。此外，不带威胁的对质也有可能让别人更加喜欢和尊重我们。那些愿意倾听我们说话，而我们也可以表示不同意见的人，通常会变成我们信赖的伙伴。

# 第 10 章
# 解决因不同需求而产生的冲突

○ 感觉被爱指南 ○

**评估**你的压力、情绪意识和环境。

**评估**其他人在当前环境中的压力水平和舒适程度。

通过倾听情绪、情感,带着问题**沟通**。

在不脱离他人感受的情况下,通过表达自己的感受来建立**联结**。

**重塑**你对情境的认知。

根据调整过的认知,以行动做出**反应**。

## 这对夫妇把两人之间的差异转变成了感觉被爱的机遇

帕蒂和卡尔都为一家大公司工作,在见面之前的几年里,他们都是通过电话沟通的。在电话中,帕蒂对卡尔的印象是他像一个快乐的圣诞老人,而卡尔对帕蒂的印象是一个非常严肃、没有吸引力的女人。当他们最终在一次公司活动中见面的时候,两人都很惊讶地发现对方是非常有吸引力的人。他们都对彼此产生了完全不同的印象,这让两人之间擦出了爱的火花。

不过他们之间还是有一个很大的不同点,卡尔是一个外向的人,帕蒂则很内向。然而这种差异似乎只是加强了他们彼此之间的吸引力。卡尔非常喜欢帕蒂给予他的强烈关注;他从来没有遇到过对自己这样感兴趣的人,会如此专注地和自己谈话。帕蒂的情感很强烈,这也让卡尔很着迷。她天生很害羞,喜欢卡尔在接近新认识的人和情境时的轻松感,也喜欢他爱开玩笑、容易相处的性格。

帕蒂和卡尔对于独处的需求也不一样。帕蒂喜欢一个人待着,而卡尔很怕独处。卡尔是独生子,他所成长的家庭并不鼓励情绪表达。不和其他人在一起他就会觉得孤独,而帕蒂在小的时候既可以和别人愉快地玩耍,也可以自娱自乐几个小时。在卡尔和帕蒂有了孩子之后,这种对独处的不同需求开始造成一些困扰,因为帕蒂可以自己待着的时间少了。她曾试图在卡尔回家吃晚饭前找几分钟自己待一会,但是当他提前回家并且迫不及待地想分享自己一天的经历时,帕蒂就会觉得很挫败。这让卡尔感到失望和受伤害,而帕蒂在感受到卡尔的失望后又觉得很愧疚，但同时对于没有她渴望的独处时间这件事还是感到怨恨。卡尔对这件事的反应是退缩，开始在办公室待更长的时间。不同的需求给两人之间温暖的关系蒙上了一层阴影。

刚开始时，无论是卡尔还是帕蒂，都对这个问题以及它对两人关系造成的影响闭口不谈。卡尔对于自己需要帕蒂关注这件事感到很尴尬，而且不喜欢谈论自己的感受。而帕蒂在看到卡尔很沮丧以及这件事对他们之间关系的影响后，一直觉得既愧疚又愤恨。为什么要为了让他开心，她就必须放弃对自己来说很重要的时间呢？

帕蒂爱卡尔，并且相信他也爱自己。但她还是很想念两人之间曾经拥有过的紧密关系。她想知道自己是否需要为了两人的关系能继续下去而做出改变。帕蒂需要搞清楚，或者至少能更好地理解卡尔的需求。她知道对于那些不习惯讨论自己情绪、情感的人来说，探索情感需求并不是一件容易的事。但她不得不试一试。此外，她还知道自己需要为两人的谈话建立一个安全的空间，因为卡尔可能会感觉这种对话有威胁。

帕蒂下定决心要安排一种放松的氛围，并且做好准备留心倾听卡尔的心声。她没有像往常一样安排全家周六晚上出去吃饭，而是把孩子们送到她姐姐那里过夜，并且把家里所有的电子设备都关了。晚餐开始前，她洗了个热水澡，并且精心打扮了一番。卡尔回家的时候，帕蒂和他一起坐下来。她问卡尔是否感觉被爱，以此开启了两人的对话。她可以看出这个问题让卡尔吓了一跳，因此她说道："我爱你，我知道你也爱我。但是你真的感觉到我的爱了吗？你从我这里得到自己所需要的爱了吗？"

在停顿了很长时间后，卡尔说："并不总是能感觉到。"

帕蒂知道如果不问对方，自己永远不会真的明白他人的感受，而且即使问了，对方也未必愿意告诉你。出于这种考虑，她描述了自己对卡尔感受的猜想，然后问他自己的理解是否正确。她问道："当你回家的时候，如果我不能马上停下手里的事，你就会觉得很失望，是这样吗？"

"可能吧。"卡尔回答道。

这段开场给了帕蒂解释自己的机会："有时我只是需要自己待着。如果没有独处的时间，我会觉得压力很大。但这件事让我很纠结，因为让你失望会让我觉得很难过。"她可以看出自己这段充满关怀的陈述让卡尔感觉不错，因为他的脸放松了下来。帕蒂继续说道："我想更多地了解你的感受。你能告诉我，当我没有停下手头的事去和你聊天的时候，你心里是什么感觉吗？"

卡尔略带犹豫地慢慢回答道："我希望你在看到我的时候能变得很高兴，如果没有这样，我可能就会觉得失望。我对你非常依赖，这让我很不好意思。我不希望自己很黏人，也不想你这样看我。"

帕蒂拉起了卡尔的手说："我并不会瞧不起人的脆弱。事实上，这对我很有吸引力。并不是说你没有我正在做的事重要，但是为了能让我感觉到被爱，我需要你理解，我需要一

> 些独处的时间。我需要你尊重我的这一部分。"
>
> 卡尔仔细听着，然后说："我想我直到现在才真正明白是怎么回事。我想要感觉到被爱，也希望你感觉到被爱。我们该怎么做才能让两个人都满足各自的需求呢？"
>
> 要想通过改变生活方式来适应两人的需求，需要花一些心思，做一些试验。他们采用了早睡早起的办法，在孩子们醒来前就面对面坐着，谈论一些对彼此来说都很重要的事。帕蒂继续在晚餐前独处，卡尔回家后陪孩子们玩到吃晚饭的时间。种种安排让晚餐成了巩固全家情感关系的好机会。

我们对接纳和关注的需求程度各不相同，但差异并不一定会破坏人与人之间的关系。当不同的需求可以开诚布公地说出来时，它们就变成了机遇，让两人互相更加理解彼此，关系更紧密。尽管我们的某些需求不同，但所有人都需要感觉被爱。

有的问题可以帮助我们评估当前的情形，它们会成为沟通和建立联结过程中的一部分，就像帕蒂问卡尔是否感觉到了爱。这种敏感、会引发思考的问题可以传达我们的理解和关心，它们能让谈话更有可能取得成效。

## 沟通彼此的差异可以带来更强的情感联结

我们常常会被与自己不同的人吸引，因为他们迷人、充满挑战、令人兴奋，可以刺激我们。他们让我们接触到新的理念、兴趣以及存在方式。他们可能会让人感到困惑，但绝对不会让人觉得无聊。接纳差异，学会理解他们，我们的判断力和智慧也会随之增强。此外，我们还有机会在生活中获得更多的爱，感受到更多的爱。

# 第 11 章

# 在紧张的家庭关系中重建联结

○ 感觉被爱指南 ○

**评估**你的压力、情绪意识和环境。
**评估**其他人在当前环境中的压力水平和舒适程度。
通过倾听情绪、情感,带着问题**沟通**。
在不脱离他人感受的情况下,通过表达自己的感受来建立**联结**。
**重塑**你对情境的认知。
根据调整过的认知,以行动做出**反应**。

## 妹妹学会了如何积极解决自己的感受问题

莉琪和她姐姐桑迪年龄很接近，关系也很亲密。实际上在好多年的时间里，人们都误以为她们俩是双胞胎，但其实桑迪要比莉琪大14个月。两个人曾经形影不离，只要醒着就在一起。但是当桑迪13岁进入青春期后，两人的关系发生了翻天覆地的变化。桑迪的外貌突然间不再像个小孩子，而12岁的莉琪还是一副小女孩的样貌，关注的也是小女孩的兴趣。她们发生了有生以来的第一次争吵，甚至打了起来。她们的母亲伊伦注意到了这些变化，但是没有加以干预，她觉得最好给两个女孩子一些时间，让她们自己处理两人之间的差异。然而后来她的这种想法发生了变化，因为两个女儿有一次闹得不可开交，互相又打又抓，甚至见了血。

伊伦不太确定，但看上去挑衅的人似乎是莉琪，所以她找了个莉琪情绪可能会比较平和的时间和她谈了谈这种情况。伊伦所挑选的这个时间她自己也比较放松，是在上午锻炼完又买了花之后的午餐时间。伊伦很平静地谈起了最近莉琪和桑迪之间的愤怒和不愉快，并且说自己想了解一下为什么她们姐妹俩对彼此这么生气。伊伦想要理解为什么莉琪常常拿走许多桑迪最喜欢的东西，还有莉琪为什么有时会愤怒到要打她姐姐。

"桑迪太自大了，她心里只有她自己！"莉琪爆发道，"她再也不想和我玩，或者和我待在一起了！"说到这里，莉琪开始哭了起来，还说桑迪似乎不想和自己有一点瓜葛。

伊伦听懂了莉琪的话，也听出了其中所包含的情绪，于是问道:"你是不是觉得姐姐忽视了你?"

"是的!"莉琪回答道。伊伦同情地说莉琪可能很想念姐姐的陪伴,而且被忽视真的伤害了她的感情,让她想要反过来报复桑迪。莉琪的眼睛湿润了,慢慢地点头表示同意。

伊伦问莉琪是否愿意把自己的感受告诉桑迪。"我怀疑她根本不会听,也不在乎。"莉琪说,"但我想我可以给她发条短信。"

"我不确定这会起作用。"伊伦说道,"除非你面对面告诉姐姐你的感受,否则她可能不会理解你的。而且如果你挑一个你们两个人都不忙的时候,并且先询问她对上次你们打架这件事的感受,那么她更有可能会把你的话听进去。"

在伊伦和莉琪谈完话之后,家里似乎平静了下来。几天之后伊伦问莉琪是不是已经和姐姐谈过了,她回答说:"是的,我们谈过了。桑迪觉得我真的很恨她。这想法太疯狂了。"

"那你觉得姐姐现在更关心你了吗?"伊伦问道。

莉琪耸耸肩说:"不知道。但我不像之前那么生气了。我觉得我并不像以前那样喜欢和桑迪在一起了。"

"我知道。"伊伦说,"我们所爱的人并不会一直保持我们喜欢的样子;他们会变,我们也会变。"

从伊伦和莉琪的故事中我们可以看出,感觉被爱指南同样可以用来帮其他人解决问题。此外,这个故事还提醒我们,有时我们所需要的解决办法就是更深入的理解。一旦姐妹俩都确信对方是爱自己的,那么让两人关系破裂的问题就不复存在了。

### 当我们没有感觉到被爱时,可能就会变得脾气很差

家人之间做出伤感情的事,说出伤感情的话,最多的原因就是渴望感觉被爱。但是除非我们知道在自己感觉愤怒或受到威胁时如何管理过大的压力和情绪,否则只会失去沟通、联络和解决问题的机会。

### 解决问题并不是我们天生就会的事

我们并不是生来就拥有一些技能,让自己可以游刃有余地掌控社交和情绪。如果幸运的话,我们会在小时候学到这些技能,但也有可能是在长大之后才学会。家人之间大部分都互相关心,渴望被爱。但是当我们感觉受到威胁的时候,压力会掩盖真正的问题,而这些问题通常与情绪有关,并且会制造壁垒,让我们无法给予爱或得到所需的爱。感觉被爱指南可以帮助人们恢复彼此之间的亲密关系。

## 第 12 章

# 当记忆消失的时候仍然保持亲密的关系

○ 感觉被爱指南 ○

**评估**你的压力、情绪意识和环境。
**评估**其他人在当前环境中的压力水平和舒适程度。
通过倾听情绪、情感,带着问题**沟通**。
在不脱离他人感受的情况下,通过表达自己的感受来建立**联结**。
**重塑**你对情境的认知。
根据调整过的认知,以行动做出**反应**。

## 面对失去，这个男人仍然有办法保持联结

梅尔巴的记忆开始慢慢消失，直到很长时间之后，她丈夫卡洛斯才意识到问题的严重性。有几年的时间，他都告诉自己说妻子的健忘只是她古怪、可爱性格的一部分。他没有意识到，或者说不想承认问题的存在。直到有一天，警察在离他家几条街之外看到正在迷迷糊糊游荡的梅尔巴并且带她回家之后，卡洛斯才意识到妻子的健忘症已经到了多么严重的程度。

卡洛斯发现妻子的记忆正在迅速衰退，她有时甚至会忘了卡洛斯是谁。梅尔巴试图假装自己知道各种各样的事，但很明显这些事她都已经忘了。卡洛斯看得出来，她其实并不清楚自己身边正在发生着什么。妻子在45岁就患上了痴呆，很有可能是阿尔兹海默症，面对这一事实是卡洛斯经历过的最痛苦的事。自己正在失去妻子，这让他感到心碎和不知所措。他努力冷静下来，理清自己的思绪，以便为将来制订计划。

卡洛斯曾经失去过当海军的儿子，因此他知道自己需要哀悼所发生的事，去体验自身的感受，这一点很重要。妻子不再能够和他谈论他们生活中大大小小的细节，而且梅尔巴的记忆，包括对他的记忆很快也会消失。哀悼会加深这种丧失感，但也让卡洛斯意识到他和妻子的生活中仍然有一部分可以联结在一起。不过首先，他需要更了解梅尔巴的新生活将会变成什么样子。

梅尔巴无法告诉卡洛斯自己正在经历什么，所以卡洛斯

自己做了些研究，以便更好地理解她在痴呆的情况下对世界的感觉。他了解到由于痴呆的人感觉很混乱，所以他们会感到害怕并易怒。但梅尔巴还有一些体验并没有完全消失。她仍然对所有的感官刺激有反应。即使在失忆症状变得很严重时，音乐仍然可以令她感到平静舒缓，特定的颜色、香气和味道还是可以让她感到愉悦。所以卡洛斯一直确保梅尔巴可以经常听到她最喜欢的歌曲和音乐。她喜欢花，尤其是黄色的花，卡洛斯就特意在她可以看到、闻到、触摸到的地方摆上鲜亮的黄色花朵。尽管两人之间的对话会变得越来越难以进行，但他们仍然可以通过声音、手势、微笑和温柔的触感建立非言语的联结。此外，由于比较早期的记忆会保留更长时间，因此他们还可以唱一些年轻时一起听过的老歌。这让卡洛斯可以看到梅尔巴微笑甚至大笑。

卡洛斯意识到梅尔巴的痴呆症让他的社交生活出现了空缺，需要其他人来填补。出于这种考虑，他开始参加一些社交活动，和朋友聚会，与孩子或者亲密的朋友谈论自己的个人问题。他很想念以前与梅尔巴共度的生活，但是他意识到，他们其实可以建立一种新的生活，这种生活虽然比以前简单得多，却是两人可以分享的生活。

当卡洛斯可以预见到他能承受的未来时，就采取行动制订了一个看护日程，以确保哪怕是他不在的时候梅尔巴的安全仍然有保障，并且永远不会一个人待着。卡洛斯知道，为了避免因为压力过大而变得没有耐心，他还需要照顾好他自己。他与邻居们交换劳动，这样每天都有一些时间可以休息

> 一下，而且能保证他每年都与老朋友一起参加为期两周的钓鱼之旅。他女儿提出在他离开的时候可以帮忙照顾妈妈，他接受了这个提议。行动起来让卡洛斯不再那么无助，而且对未来有了更多的希望。丧失是生活中不可避免的一部分，但是只要生活还在继续，我们就可以感受到爱，也能让他人感受到爱。

当你需要与之沟通的人无法参与对话时，要按照感觉被爱指南行事似乎是一件颇具挑战的事。但记住这一点，家长们有很长时间都会和小孩子进行非言语的沟通，此外我们一直在和宠物进行无言的沟通。对于他人可能正在体验的感受做一些小小的研究，可能会让我们在沟通过程中更有信心。这个故事还告诉我们，就算面对巨大的丧失仍然有可能重塑问题，恢复生活的意义和目的。

## 我们未必需要思考才能感觉被爱

感觉被爱是一种感觉情绪体验，它从出生起就开始出现并持续终生。生命快要结束时，我们的思维也许会变得不清晰，但感觉能一直保持完整，因此只要我们感觉安全，就可以一直感觉被爱。患有痴呆的人其头脑会变得混乱，也会因为无法记住东西以及无法集中精神而感觉受到威胁。但是如果能够获得充满爱意的关注，那么这种恐惧是可以克服的，他们仍然能够感觉到安全和爱。

## 丧失之后，爱仍在继续

爱的联结可以变得非常深厚，尤其是在它存在了多年之后。这种深刻的亲密感和沟通感甚至在人死后或者在我们所爱的人在某种程度上不存在后也仍然能持续下去。尽管我们会怀念和哀悼失去的人或事，但仍然可以在爱的体验中感到满足。

总结

# 无论在何种环境下都能感觉被爱

**不改变物质环境你也能感到幸福**

并不是每个人都那么好运,生来就有很多资源让生活可以更轻松一些。许多人生活贫困,身体不健康,没有接受过教育,缺乏家人和朋友的支持。尽管如此,由于给予和拥有对于感觉被爱来说一样重要,因此你仍然可以得益于自己最基本的力量源泉,也就是你想让他人感觉被爱的意愿。接下来的故事中,主人公过着一种看似没有希望的空虚生活,但是在没有改变环境的情况下产生了积极的变化。

### 这个女人学会了通过帮助他人感觉被爱

卡门的倒霉事一件接着一件。她在成长的过程中很少见到父亲，母亲对她也没什么兴趣。学习对卡门来说是一件很困难的事，她16岁的时候就从中学辍学了。在20多岁到30多岁的这段时间里，她总是失业，健康状况也不断恶化。沮丧的卡门很少离开自己的小公寓。

后来，卡门在杂货店里遇到了一个男人，他们在短暂的交往后就结婚了。让她感到失望的是，丈夫很快就开始把她当成佣人使唤。但是由于没有家人和朋友，也没有什么技能可以找到体面的工作，再加上她的健康状况不好，卡门没有什么多余的选择，只好继续待在这段没有爱的婚姻里。

卡门的心理健康状况也不断变差，最终她确定自己唯一的希望就是到附近的一家心理咨询机构寻求帮助。这是她人生中第一次感觉到某个地方是安全的，于是在接下来的8年中，她每周都去一次这个机构。随着时间的流逝，心理咨询过程沦为一种惯例，她到那里描述一下自己空虚的生活，在这种生活里她几乎完全没有改善的希望或意图。在这段时间里，卡门换了好几个心理咨询师，但由于没有什么证据显示出她的生活发生了变化或改观，她成了那种心理咨询机构所称的"维护型客户"，直到后来卡门的案例由一位名叫优子的新员工接手。

优子知道，还用之前用了8年都没有成功的旧方法是没什么意义的。而且她也怀疑卡门并不像外表看上去那样对自己的生活十分冷漠，她觉得尽管卡门的生活中并没有太多的机会可以发现爱，但她仍然渴望感觉被爱。优子并不知道应该提出什么建议，但她很愿意试验一些方法来帮助卡门找到生活的意义和幸福感。优子知道卡门有大把时间，因此她建议卡门到附近的志愿者机构看看有没有做志愿者的机会，还提出为了支持她和她一起去。

那个志愿者机构的办公室很小，里面有许多顶到天花板那么高的抽屉柜。志愿者协调员解释说这些抽屉里装了一万多份志愿者工作机会的资料，他可以一次给卡门提供三个机会，让她可以选择一个适合自己的，这正合卡门所愿。他问卡门是否有什么特别想做的工作，她回答说，"我喜欢缝纫。"这让优子十分惊讶。在她工作的机构里有一大摞关于卡门的资料，但里面完全没有提到过卡门喜欢缝纫。

志愿者协调人接着问卡门是否对什么人群特别感兴趣，想做与他们有关的工作。卡门的脸很不寻常地舒展开来，说道："如果可能的话，我想做和孩子有关的工作。我喜欢孩子。"

协调人对此回应道："那好，我想这里有一份工作适合你。克里腾登单亲妈妈福利院需要一些人来帮助那些女孩子，我是说那些单亲妈妈，她们大部分人都很年轻，只有十几岁。她们需要人帮助她们做一些孕妇和婴儿穿的衣服。"

这对卡门来说有足够大的吸引力，让她愿意冒险走出自己的公寓，坐公交车到克里腾登单亲妈妈福利院去工作。到了那里之后，她看到了十多个十几岁的孕妇和三台老旧的缝纫机。卡门与这些几乎还是孩子的人产生了共鸣。她们和她一样看上去很害怕、孤单、不被人爱，但她们似乎也很热情地想要把时间花在一些有建设性的事情上。她们的处境让卡门动容，这些人对她的触动是多年以来都没有发生过的。她同意下周再来。

没过多长时间，卡门就和她的这些学生产生了感情。不久之后，她就在自己做心理咨询的时候和优子讨论起她们的问题。当卡门谈起自己的学生时，语气中充满了热情、兴趣和关怀。卡门对优子所讲的那些故事也显示出这些女孩很感激卡门对她们的帮助。"有好多工作可以做。"她告诉优子说，"那些旧缝纫机的性能都不太好。有一些部件都没了，而且也没有足够的面料来做那么多婴儿服。"这些需求促使卡门去二手店搜寻零件，到布料店买布，她还以很划算的价格淘到了两台二手缝纫机。

卡门第一次为自己在生活中所做的事感到骄傲，找到了良好的自我感觉。她把自己志愿工作的日程又增加了一天。当卡门每周要去三次福利院的时候，她向优子道歉说自己没时间再来做心理咨询了，她要做的事情太多了。自那以后，卡门会时不时地和优子通电话。在其中的一次电话中，卡门骄傲地告诉优子，有一个女孩子为了向她致敬，给自己的孩子起名叫卡伦。

从表面上看，卡伦的生活几乎没有发生什么变化。在没有爱的婚姻里，她依然得不到任何支持。但她的生活与原来感觉完全不一样了，因为卡门已经发现了自己需要什么体验：快乐和满足。

致力于让他人的生活变得更好并不能保证你自己的生活会变得更轻松，或者让你免受伤害，免去与你所关心的人发生争吵。但它可以保证无论发生什么事，你的生活中不会没有爱。访问 Helpguide.org，你可以读到更多关于做志愿工作的益处，它们会让你感到惊讶。

## 需要花些心思和工夫才能发现
## 你适合为别人提供什么

上个故事里的志愿者机构之所以同意卡门想去几次都可以是有原因的。你可能需要多尝试几种志愿者工作才能找到让双方都满意的选项。但是请放心，世上有许多人都需要并且会感激你的关爱。在努力给予他人所需时，你常常也能发现自己的生活中最需要的是什么。

## 我们不需要从此以后过着幸福的生活，
## 但我们需要感觉被爱才能好好生活

即使是在最低谷，生活中仍然可以充满各种可能性。每天早上起床，出门去面对世界，这件事总是充满挑战，但是如果你感觉被爱，并且知道如何让他人感觉被爱，那么生活永远不会失去意义和目的。

从信息过载所带来的压力到童年的不幸所造成的伤痛，我们总是被生活中的麻烦环绕。但是感觉被爱能赋予我们所需的动力、能量和信心,来把我们所拥有的发挥到极致。感觉被爱让我们获得内心所需的安全和温暖,赋予我们力量去帮助和抚慰他人。尽管生活的道路可能并不平坦,但它完全可以成为一条充满意义和满足感的道路。无论终点是哪里,感觉被爱才是这段旅程的关键。它是压力的解药,能帮助我们克服那些可以将我们压垮的障碍,还能让我们的生活上升到一个更高、更有意义的层面。因为当我们感觉被爱的时候,就会有能力帮助他人感觉被爱,就能找到幸福的源泉。

## 感受爱的工具

## "驾驭野马"冥想法文本

"驾驭野马"心智觉知式冥想是 Helpguide 网站中情绪智力工具包的组成部分。它会教你如何控制和驾驭紧张的情绪,如何对自己的体验和行为保持控制力。请访问在线工具包并依照冥想方法练习。下面是网站中四段音频的文本。

### "驾驭野马"初级冥想

**放松一下,清醒过来**

你好。我是珍妮·西格尔。欢迎参加"驾驭野马"心智觉知式冥想的初级练习。

首先，慢慢地深吸一口气，然后慢慢地吐气，让自己放松下来。再来一次放松的呼吸，这一次，在吸气和呼气的时候把注意力放在胸部和腹部的移动上。再做三次缓慢的呼吸，在深深地吸气和呼气的过程中，专注于自己能够体验到多大程度的移动。

舒适地坐在自己的"坐骨"上，让后背和手臂获得支撑，同时继续深呼吸。清理自己的思绪，把注意力集中在自己的右手上。慢慢地攥紧拳头，保持住……慢慢地放开，注意手掌、手腕和每一根手指上皮肤、肌肉和关节的感觉。进一步放松，将呼吸引导到手上，专注于右手上的感觉。

把注意力集中在右手臂上。逐渐收紧上臂和小臂的肌肉，保持住……舒展。放松并把呼吸引导到你的手臂上，专注于右手臂上皮肤、肌肉和骨骼的感觉。

接下来把注意力放到左手上。慢慢地握拳、保持住……放开，注意左手上皮肤、肌肉和关节的感觉。把呼吸引导到左手上，专注于左手上手掌、手腕和每根手指的感觉。

把注意力放到左手臂上。逐渐收缩上臂和小臂的肌肉，保持住……舒展。放松，想象自己的呼吸进入又离开了你的左手臂，专注于左手臂上皮肤、肌肉和骨骼的感觉。

接下来，把注意力放到右脚和右侧踝骨上，逐渐翘起右脚脚趾，保持住……松开。放松，继续呼吸，想象呼吸穿透了右脚的肌肉和骨骼，专注于右脚和脚踝上的感觉。

把注意力放到右腿的小腿和大腿上。收缩小腿和大腿的肌肉，保持住……放松。让呼吸进入皮肤、肌肉和骨骼，专注于右腿上的感觉。你有没有感觉到右腿和左腿的差异？越柔软、越放松、越舒展，你就越能清晰地意识到自己的感受。

现在把注意力放到左脚和左踝上，逐渐翘起左脚脚趾，保持住……舒展。想象你的呼吸进入了左脚和脚踝的肌肉和骨骼，软化，进一步放松，专注于左脚和脚踝上的感觉。

把注意力放到左腿的小腿和大腿上。收缩小腿和大腿的肌肉，保持住……放松。让呼吸进入肌肉和骨骼，专注于左腿上的感觉。

接下来，把注意力放到自己的骨盆、腹部和腰上。慢慢收缩和挤压自己的骨盆、腹部和腰，保持住……舒展。放松，想象着呼吸被引导到了这些部位，让身体进一步舒展，注意骨盆、腹部和腰部的肌肉及器官有什么感觉。

现在把注意力集中在自己的胸腔和上背部。收缩胸部和背部的肌肉，保持住……舒展。把呼吸引导到肌肉和器官上，包括心脏和肺部。舒展你的胸腔和背部，放松，专注于胸腔和背部的感觉。

把注意力集中在你的颈部、头后和肩部。缓慢地把头向胸部低下，保持住……再慢慢地把头抬起来。现在，慢慢地耸肩，让双肩靠近双耳，保持住……然后将肩膀慢慢放下……进一步放松，想象你的呼吸正穿过颈部、肩膀，专注于这些部位的感受。

最后，慢慢收紧你的后脑和面部。包括额头、下颌，还有眼睛、鼻子、嘴巴周围的肌肉。保持住……舒展。想象你的呼吸让头部和面部的肌肉进一步软化和放松，专注于这些部位的感受，包括头后、下颌、前额，还有眼睛、鼻子和嘴巴周围的肌肉。

**初级冥想**

现在你要开始探索初级的冥想。

当你继续完整而深沉地呼吸时，开始关注身体的每一个部位，从脚趾向上或者从头顶向下，选择你喜欢的方式就好。专注于全身皮肤、肌肉和器官的感觉。

如果在扫描全身的过程中有某个地方让你产生了很不愉快的情绪，那么睁开眼睛，运用快速压力释放法把你的压力带回平衡状态，然后继续冥想。继续慢慢地扫描身体，觉察自己的感受，大约5分钟后你会再次听到我的声音。

（5分钟伴奏音乐）

**结束**

睁开双眼，站起来，跺跺脚，抖一抖手和手臂。把注意力集中在我正在说的话语上，而不是你当前的感受。

把注意力从内部转向外部是这个过程中非常重要的组成部分。刚才你的注意力集中于自己身体的感受，现在把注意力放到周围的环境上。你不必为此停止感受，只要把注意力从自己的感受转移到周围的世界就好。

不要忘了在今天或者明天找个人谈一谈你对这段体验的感受。

最后，请不断练习这种冥想方法，直到你可以轻松识别出自己全身的感觉为止。

## "驾驭野马"中级冥想

### 放松一下，清醒过来

欢迎体验"驾驭野马"冥想的中级练习。

现在做三次缓慢而深沉的呼吸。在深深地吸气和呼气过程中，集中注意力体验胸部和腹部的移动。

舒适地坐在自己的"坐骨"上，让后背和手臂获得支撑，同时继续深呼吸。清理自己的思绪，把注意力集中在自己的右手上。慢慢地攥紧拳头，保持住……放开。将呼吸引导到右手上，专注于右手上皮肤、肌肉、骨骼和关节的感觉。

把注意力集中在右手臂上。逐渐收紧上臂和小臂的肌肉，保持住……舒展。放松并把呼吸引导到你的右手臂上，放松，专注于右手臂上皮肤、肌肉和骨骼的感觉。

现在把注意力放到左手上。慢慢地握拳，保持住……放开。把呼吸带入左手，放松，专注于左手上皮肤、肌肉和关节的感觉。

把注意力放到左手臂上。逐渐收缩上臂和小臂的肌肉，保持住……舒展。放松，在放松的过程中想象呼吸进入又离开了自己的左手臂，专注于左手臂上皮肤、肌肉和骨骼的感觉。

现在把注意力放到右脚和右侧踝骨上，逐渐翘起右脚所有的脚趾，保持住……松开。放松，继续呼吸，把呼吸带入右脚的肌肉和骨骼里去。

把注意力放到右腿，收缩小腿和大腿的肌肉，保持住……放松。让呼吸进入右腿，放松，专注于右腿上皮肤、肌肉和骨骼的感觉。

现在把注意力放到左脚和左踝上，逐渐翘起左脚的所有脚趾，保持住……舒展，放松，把呼吸带入左脚上肌肉和骨骼的感觉中去。

把注意力放到左腿上。收缩小腿和大腿的肌肉，保持住……放松。让呼吸进入左腿，放松，专注于左腿上肌肉和骨骼的感觉。

现在把注意力放到自己的骨盆、腹部和腰上，缩紧并保持住……舒展。放松，把呼吸带到腹部、骨盆和腰部的肌肉和器官的感觉里。

接下来把注意力集中在自己的胸腔和上背部。缩紧并保持住……舒展。放松胸腔和背部，继续呼吸，专注于胸部和上背部肌肉和器官的感觉。

最后，慢慢收紧你的颈部、头部和面部，包括额头、下颌，还有眼睛、鼻子、嘴巴周围的许多肌肉。保持住……舒展，体验颈部、头部和面部皮肤及肌肉的感觉。

**中级冥想**

现在你要进一步探索身体和情绪的感觉。

继续深呼吸，按照自己喜欢的方式从头到脚或从脚到头扫描全身。在探索的过程中，体验每时每刻身体和情绪的感觉。

从身体的一个部位向另一个部位移动，寻找比其他地方强烈或者与其他部位不同的感觉。这片区域可能会更温暖、更凉、更紧张，或者有更多的"刺痛感"。这片区域也有可能是因为麻木或者没有感觉而显得与众不同。

这种不同或者不寻常的感觉可能会出现在任何部位，比如腿、腹部、肩膀或者下颌。当你找到了感觉所存在的部位，把呼吸带入每时每刻的体验中去。不用思考，只是去感受这种感觉。如果这种感觉开始让你产生了不愉快的情绪，那么睁开眼睛，运用你在练习快速压力释放法时所获得的感官技术把自己带回平衡状态，然后继续冥想。专注于内部，寻找身体中感觉更强烈或者与其他部位不一样的抵挡，继续缓慢而深沉地呼吸，大约9分钟后你会再次听到我的声音。

（9分钟伴奏音乐）

### 结束

睁开双眼，站起来，跺跺脚，抖一抖手和手臂。把注意力集中在周围的环境上，而不是你的内在感受。注意，尽管你可能仍然觉得悲伤、痛苦或者愤怒，但是周围事物的颜色可能变得更明亮、声音变得更清晰，而你也感觉能量更加充足。你变得更加放松，也更加机警。

令人沮丧的情绪可能还会伴随你一段时间，但它们不再会干扰你的生活，只要你不去想它们就好。把注意力从内部转向外部是这个过程中非常重要的组成部分。刚才你的注意力集中于自己身体的感受，现在把注意力放到周围的环境上。你不必为此停止感受；只要停止关注自己现在的感受，把注意力转移到周围的世界就好。

不要忘了在今天或者明天找个人谈一谈你刚才的体验。

最后，请不断练习这种冥想方法，直到你可以舒适地识别出身体中凸显出来的更强烈的情绪和感受为止。

## "驾驭野马"较深层的冥想

### 放松一下，清醒过来

欢迎回来体验较深层的"驾驭野马"心智觉知式冥想。

现在做三次缓慢而深沉的呼吸。在深深地吸气和呼气过程中，集中注意力体验胸部和腹部的移动。

舒适地坐在自己的坐骨上，让后背和手臂获得支撑，同时继续深呼吸。清理自己的思绪，把注意力集中在自己的右手上。慢慢地攥紧拳头，保持住……放开。将呼吸引导到右手上，专注于右手上皮肤、肌肉、骨骼和关节的感觉。

把注意力集中在右手臂上。逐渐收紧上臂和小臂的肌肉，保持住……舒展。把呼吸引导到你的右手臂上，放松，专注于右手臂上皮肤、肌肉和骨骼的感觉。

现在把注意力放到左手上。慢慢地握拳，保持住……放开。把呼吸带入左手，放松，专注于左手上皮肤、肌肉和关节的感觉。

把注意力放到左手臂上。逐渐收缩上臂和小臂的肌肉，保持住……舒展，放松，在放松的过程中想象自己的呼吸进入又离开了你的左手臂，专注于左手臂上皮肤、肌肉和骨骼的感觉。

现在把注意力放到右脚和右侧踝骨上，逐渐翘起右脚所有的脚趾，保持住……松开。放松，把呼吸带入右脚肌肉和骨骼里去。

把注意力放到右腿，收缩小腿和大腿的肌肉，保持住……放松。让呼吸进入右腿，放松，专注于右腿上皮肤、肌肉和骨骼的感觉。

现在把注意力放到左脚和左踝上，逐渐翘起左脚的所有脚趾，保持住……舒展，放松，把呼吸带入左脚肌肉和骨骼里去。

把注意力放到左腿上。收缩小腿和大腿的肌肉，保持住……放松。让呼吸进入左腿，放松，专注于左腿上肌肉和骨骼的感觉。

现在把注意力放到自己的骨盆、腹部和腰上，缩紧并保持住……舒展。放松，把呼吸带到腹部、骨盆和腰部的肌肉及器官里去。

接下来把注意力集中在自己的胸腔和上背部。缩紧并保持住……舒展。放松胸腔和背部，继续呼吸，专注于胸部和上背部肌肉及器官的感觉。

最后，慢慢收紧你的颈部、头部和面部，包括额头、下颌，还有眼睛、鼻子、嘴巴周围的许多肌肉。保持住……舒展，体验颈部、头部和面部皮肤及肌肉的感觉。

**较深层的冥想**

现在你即将开始探索较深层的冥想。

如果你感觉情绪略微有点儿沮丧，那么以此为起点，把注意力集中在这些感受上。或者你可以迅速回想一下最近一次应对轻微愤怒的情绪。也许是错过了一趟公交车，也许是饮料洒了。专注于轻微沮丧的感觉上，让自己去体验并接受这些感觉。

继续深呼吸，按照自己喜欢的方式从头到脚或从脚到头扫描全身，允许自己体验身体和情绪的感觉。专注于内部，找到身体中感觉最强烈的部位。也许是腹部、后背、肩膀或是下颌。当你找到这个点，把呼吸引导到身体这部分每时每刻的体验上去。专注于感觉，而不是想法。

你的注意力可能会游移，每次出现这种状况时，轻柔地把注意力带回你正在关注的身体部位即可。对自己要温和而有耐心，哪怕你一次又一次地分心也没有关系。

想象着呼吸一进一出可能会有帮助，它所隐含的信息是"认可这种感觉"或是"允许这种感觉。"

如果你开始感觉不舒服，张开双眼，运用你在练习快速压力释放法时所获得的感官技术来让自己平静和专注起来，然后继续冥想。继续驾驭这种体验，大约14分钟后你会再次听到我的声音。

（14分钟伴奏音乐）

## 结束

睁开双眼，站起来，跺跺脚，抖一抖手和手臂。把注意力集中在周围的环境上，而不是你的内在感受。注意，尽管你可能仍然觉得悲伤、痛苦或者愤怒，但是周围事物的颜色可能变得更明亮、声音变得更清晰，而你也感觉能量更加充足。你变得更加放松，也更加机警。

令人沮丧的情绪可能还会伴随你一段时间，但它们不再会干扰你的生活，只要你不去想它们就好。把注意力从内部转向外部是这个过程中非常重要的组成部分。刚才你的注意力集中于自己身体的感受，现在把注意力放到周围的环境上。你不必为此停止感受；只要停止关注自己现在的感受，把注意力转移到周围的世界就好。花更多时间只专注于内部并没有什么好处。

不要忘了在今天或者明天找个人谈一谈你刚才的体验。还有，要赞赏自己完成这项功课的勇气和毅力。

最后，请不断练习这种冥想方法，直到你完全有信心可以在不舒服和有轻微压力的情境下保持冷静和专注。

## "驾驭野马"最深层的冥想

### 放松一下，清醒过来

欢迎回到"驾驭野马"冥想法最深层的体验。

现在做三次缓慢而深沉的呼吸。在深深地吸气和呼气过程中，集中注意力体验胸部和腹部的移动。

舒适地坐在自己的坐骨上，让后背和手臂获得支撑，同时继续深呼吸。清理自己的思绪，把注意力集中在自己的右手上。慢慢地攥紧拳头，保持住……放开。将呼吸引导到右手上，专注于右手上皮肤、肌肉、骨骼和关节的感觉。

把注意力集中在右手臂上。逐渐收紧上臂和小臂的肌肉，保持住……舒展。把呼吸引导到你的右手臂上，放松，专注于右手臂上皮肤、肌肉和骨骼的感觉。

现在把注意力放到左手上。慢慢地握拳，保持住……放开。把呼吸带入左手，放松，专注于左手上皮肤、肌肉和关节的感觉。

把注意力放到左手臂上。逐渐收缩上臂和小臂的肌肉，保持住……舒展，放松，在放松的过程中想象自己的呼吸进入又离开了你的左手臂，专注于左手臂上皮肤、肌肉和骨骼的感觉。

现在把注意力放到右脚和右侧踝骨上，逐渐翘起右脚所有的脚趾，保持住……松开。放松，把呼吸带入右脚肌肉和骨骼里去。

把注意力放到右腿，收缩小腿和大腿的肌肉，保持住……放松。让呼吸进入右腿，放松，专注于右腿上皮肤、肌肉和骨骼的感觉。

现在把注意力放到左脚和左踝上，逐渐翘起左脚的所有脚趾，保持住……舒展，放松，把呼吸带入左脚上肌肉和骨骼里去。

把注意力放到左腿上。收缩小腿和大腿的肌肉，保持住……放松。让呼吸进入左腿，放松，专注于左腿上肌肉和骨骼的感觉。

现在把注意力放到自己的骨盆、腹部和腰上，缩紧并保持住……舒展。放松，把呼吸带到腹部、骨盆和腰部的肌肉及器官里去。

接下来把注意力集中在自己的胸腔和上背部。缩紧并保持住……舒展。放松胸腔和背部，继续呼吸，专注于胸部和上背部肌肉及器官的感觉。

最后，慢慢收紧你的颈部、头部和面部，包括额头、下颌，还有眼睛、鼻子、嘴巴周围的许多肌肉。保持住……舒展，体验颈部、头部和面部皮肤及肌肉的感觉。

### 最深层的冥想

现在你即将开始探索最深层的冥想。

继续缓慢而深沉地呼吸。如果你感觉情绪沮丧,那么以此为起点,把注意力集中在这些感受上。或者你可以迅速回想一下你想处理的一次沮丧体验。扫描全身,寻找感觉最强烈的那个点。它可以是身体的任何部位,包括腿、腹部、胸部或者面部。当你找到这个点,把呼吸引导到这里去,允许这种体验深化和加强。如果这种感觉强烈到让你很不舒服,张开双眼,运用你在练习快速压力释放法时所获得的感官技术,然后继续冥想。

你的注意力可能会游移,每次出现这种状况时,轻柔地把注意力带回身体感觉最强烈的部位即可。对自己要温和而有耐心,哪怕频繁分心也没有关系。

如果感觉从一个部位转移到了另一个部位,那么把注意力引导到感觉最强烈的部位即可。

如果你在接近一种感觉时变得麻木,那么就去体验这种空虚感,让这种空虚的感觉变成你关注的焦点。

想象你的呼吸隐含着这样的信息:"认可这种感觉"或是"允许这种感觉"。这可能会有帮助。你可能需要注意某种强烈的情绪是否看上去很熟悉,你是否曾经有过这种感觉。如果有过,你可能会问:"这种感觉有多久了?你多长时间会感觉到它一次?"不要分析,只是注意即可,然后迅速把注意力集中在自己的体验上。

记住，你随时可以睁开双眼，运用你在练习快速压力释放法时所获得的感官方法来让自己平静和专注起来，然后继续冥想。

专注于自己的内在感受，继续驾驭这种体验，大约 20 分钟后你会再次听到我的声音。

（20 分钟伴奏音乐）

### 结束

睁开双眼，站起来，跺跺脚，抖一抖手和手臂。把注意力集中在周围的环境上，而不是你的内在感受。注意，尽管你可能仍然觉得悲伤、痛苦或者愤怒，但是周围事物的颜色可能变得更明亮、声音变得更清晰，而你也感觉能量更加充足。你变得更加放松，也更加机警。

令人沮丧的情绪可能还会伴随你一段时间，但它们不再会干扰你的生活，只要你不去想它们就好。把注意力从内部转向外部是这个过程中非常重要的组成部分。刚才你的注意力集中于自己身体的感受，现在把注意力放到周围的环境上。你不必为此停止感受；只要停止关注自己现在的感受，把注意力转移到周围的世界就好。花更多时间只专注于内部并没有什么好处。

不要忘了在今天或者明天找个人谈一谈你刚才的体验。还有，要赞赏你有勇气为了自己和他人投身于这项重要的工作中。

最后，请不断练习这种冥想方法，直到你可以在各种环境中舒适地体验强烈的情绪为止。

# 致　　谢

知识和理念都是好东西，但是如果不能传达给他人，它们就什么都不是。我深深地感激 Helpguide.org 团队，包括 Lawrence Robision 和 Melinda Smith，他们在我创作这本书的整个过程中都很支持我。还要感谢 Sanjay Nambiar 和 Beth Davies，他们为我提供了很多理念和编辑建议。此外，我还要对 Ben Bella 公司的发行人 Glen Yeffeth、设计人员和编辑们表示感谢，尤其要特别鸣谢 Vy Tran，他们各自发挥所长完成了本书的出版工作。我从来没有见过任何一个团队为出版过程投入了这么多的努力和心思。

# 参考文献

## 依恋、亲密关系和大脑

Anand, K. J. S. & Scalzo, F. M. (2000). "Can adverse neonatal experiences alter brain development and subsequent behavior?" *Neonatology* 77 (2), 69–82.

Campbell, A. (2008). "Attachment, aggression and affiliation: The role of oxytocin in female social behavior." *Biological Psychology* 77 (1), 1–10.

Cozolino, L. (2006). *The neuroscience of human relationships: Attachment and the developing social brain.* New York: W. W. Norton & Co.

Gerhardt, S. (2006). "Why love matters: How affection shapes a baby's brain." *Infant Observation* 9 (3), 305–9.

Graham, Y. P., Heim, C., Goodman, S. H., Miller, A. H. & Nemeroff, C. B. (1999). "The effects of neonatal stress on brain development: Implications for psychopathology." *Development and Psychopathology* 11 (3), 545–65.

Gunnar, M. R. (1998). "Quality of early care and buffering of neuroendocrine stress reactions: Potential effects on the developing human brain." *Preventive Medicine* 27 (2), 208–11.

Joseph, R. (1999). "Environmental influences on neural plasticity, the limbic system, emotional development and attachment: A review." *Child Psychiatry and Human Development* 29 (3), 189–208.

Music, G. (2010). *Nurturing natures: Attachment and children's emotional, sociocultural, and brain development.* New York: Taylor & Francis Group.

Perry, B. D., Pollard, R. A., Blakley, T. L., Baker, W. L. & Vigilante, D. (1995). "Childhood trauma, the neurobiology of adaptation, and use-dependent development of the brain: How states become traits." *Infant Mental Health Journal* 16 (4), 271–91.

Riem, M. M., van IJzendoorn, M. H., Tops, M., Boksem, M. A., Rombouts, S. A. & Bakermans-Kranenburg, M. J. (2013). "Oxytocin effects on complex brain networks are moderated by experiences of maternal love withdrawal." *European Neuropsychopharmacology* 23 (10), 1288–95.

Schore, A. N. (2000). "Attachment and the regulation of the right brain." *Attachment & Human Development* 2 (1), 23–47.

——— (2001a). "Effects of a secure attachment relationship on right brain development, affect regulation, and infant mental health." *Infant Mental Health Journal* 22 (1–2), 7–66.

——— (2001b). "The effects of early relational trauma on right brain development, affect regulation, and infant mental health." *Infant Mental Health Journal* 22 (1–2), 201–69.

——— (2002). "Dysregulation of the right brain: A fundamental mechanism of traumatic attachment and the psychopathogenesis of posttraumatic stress disorder." *Australian and New Zealand Journal of Psychiatry* 36 (1), 9–30.

——— (2005). "Back to basics: Attachment, affect regulation, and the developing right brain: Linking developmental neuroscience to pediatrics." *Pediatrics in Review*

26 (6), 204–17.

——— (2010). "Relational trauma and the developing right brain: The neurobiology of broken attachment bonds." In Tessa Baradon (Ed.), *Relational trauma in infancy: Psychoanalytic, attachment and neuropsychological contributions to parent–infant psychotherapy* (pp. 19–47). New York: Routledge/Taylor & Francis Group.

Schore, J. R. & Schore, A. N. (2008). "Modern attachment theory: The central role of affect regulation in development and treatment." *Clinical Social Work Journal* 36 (1), 9–20.

Shore, R. (1997). *Rethinking the brain: New insights into early development*. New York: Families and Work Institute.

Siegel, D. J. (1999). *The developing mind: Toward a neurobiology of interpersonal experience*. New York: Guilford Press.

——— (2001). "Toward an interpersonal neurobiology of the developing mind: Attachment relationships, 'mindsight,' and neural integration." *Infant Mental Health Journal* 22 (1–2), 67–94.

Strathearn, L., Fonagy, P., Amico, J. & Montague, P. R. (2009). "Adult attachment predicts maternal brain and oxytocin response to infant cues." *Neuropsychopharmacology* 34 (13), 2655–66.

# 社会脑

Adolphs, R. (2003). "Cognitive neuroscience of human social behaviour." *Nature Reviews Neuroscience* 4 (3), 165–78.

Bartz, J. A. & Hollander, E. (2006). "The neuroscience of affiliation: Forging links between basic and clinical research on neuropeptides and social behavior."

*Hormones and Behavior* 50 (4), 518–28.

Baumeister, R. F. & Leary, M. R. (1995). "The need to belong: Desire for interpersonal attachments as a fundamental human motivation." *Psychological Bulletin* 117 (3), 497.

Cacioppo, J. T., Berntson, G. G. & Waytz, A. (2010). "Social neuroscience." In I. Weiner & E. Craighead (Eds.), *Corsini Encyclopedia of Psychology, 4th edition*. (Vol. 4., pp. 1635–6). New York: Wiley.

Cacioppo, J. T., Berntson, G. G., Sheridan, J. F. & McClintock, M. K (2000). "Multilevel integrative analyses of human behavior: Social neuroscience and the complementing nature of social and biological approaches." *Psychological Bulletin* 126 (6), 829.

Carter, C. S. (1998). "Neuroendocrine perspectives on social attachment and love." *Psychoneuroendocrinology* 23 (8), 779–818.

Dunbar, R. I. (1998). "The social brain hypothesis." *Evolutionary Anthropology: Issues, News, and Reviews* 6 (5), 178–90.

Fishbane, M. D. (2007). "Wired to connect: Neuroscience, relationships, and therapy." *Family Process* 46 (3), 395–412.

Goleman, D. (2006). *Social intelligence: The new science of human relationships*. New York: Random House Digital, Inc.

Link, B. G. & Phelan, J. (1995). "Social conditions as fundamental causes of disease." *Journal of Health and Social Behavior* 35, 80–94.

Marche, S. (2012). "Is Facebook making us lonely?" *The Atlantic* 309 (4), 60–69.

Panksepp, J. (1998). *Affective neuroscience: The foundations of human and animal emotions*. New York: Oxford University Press.

# 催产素

## 催产素作为一种爱情激素

Burkett, J. P. & Young, L. J. (2012). The behavioral, anatomical and pharmacological parallels between social attachment, love and addiction. *Psychopharmacology*, *224*(1), 1–26.

Cariboni, A. & Ruhrberg, C. (2011). "The hormone of love attracts a partner for life." *Developmental Cell* 21 (4), 602–4.

Carter, C. S. & Porges, S. W. (2012). "The biochemistry of love: An oxytocin hypothesis." *EMBO Reports* 14 (1), 12–16.

De Boer, A., Van Buel, E. M. & Ter Horst, G. J. (2012). "Love is more than just a kiss: A neurobiological perspective on love and affection." *Neuroscience* 201, 114–24.

Ditzen, B., Schaer, M., Gabriel, B., Bodenmann, G., Ehlert, U. & Heinrichs, M. (2009). "Intranasal oxytocin increases positive communication and reduces cortisol levels during couple conflict." *Biological Psychiatry* 65 (9), 728–31.

Unkelbach, C., Guastella, A. J. & Forgas, J. P. (2008). "Oxytocin selectively facilitates recognition of positive sex and relationship words." *Psychological Science* 19 (11), 1092–94.

Wudarczyk, O. A., Earp, B. D., Guastella, A. & Savulescu, J. (2013). "Could intranasal oxytocin be used to enhance relationships? Research imperatives, clinical policy, and ethical considerations." *Current Opinion in Psychiatry* 26 (5), 474–84.

Young, L. J. (2009). "Being human: Love: Neuroscience reveals all." *Nature* 457 (7226), 148.

## 催产素和社会行为

Campbell, A. (2008). "Attachment, aggression and affiliation: The role of oxytocin in female social behavior." *Biological Psychology* 77 (1), 1–10.

Guastella, A. J., Mitchell, P. B. & Dadds, M. R. (2008). "Oxytocin increases gaze to the eye region of human faces." *Biological Psychiatry* 63 (1), 3–5.

Guastella, A. J., Mitchell, P. B. & Mathews, F. (2008). "Oxytocin enhances the encoding of positive social memories in humans." *Biological Psychiatry* 64 (3), 256–58.

Dölen, G., Darvishzadeh, A., Huang, K. W. & Malenka, R. C. (2013). "Social reward requires coordinated activity of nucleus accumbens oxytocin and serotonin." *Nature* 501 (7466), 179–84.

Kosfeld, M., Heinrichs, M., Zak, P. J., Fischbacher, U. & Fehr, E. (2005). "Oxytocin increases trust in humans." *Nature* 435 (7042), 673–76.

Lane, A., Luminet, O., Rimé, B., de Timary, P. & Mikolajczak, M. (2012). "Oxytocin increases willingness to socially share one's emotions." *International Journal of Psychology* 48 (4), 676–81.

Mikolajczak, M., Gross, J. J., Lane, A., Corneille, O., de Timary, P. & Luminet, O. (2010). "Oxytocin makes people trusting, not gullible." *Psychological Science* 21 (8), 1072–74.

Veenema, A. H. (2013). "The oxytocin system and social behavior: Effects of sex, age, and early life stress." Paper presented at the 68th Annual Meeting of the Society for Biological Psychiatry, San Francisco, CA.

Zak, P. J., Stanton, A. A. & Ahmadi, S. (2007). "Oxytocin increases generosity in humans." *PLoS One* 2 (11), e1128.

## 催产素、情绪和情商

Bartz, J. A., Zaki, J., Bolger, N., Hollander, E., Ludwig, N. N., Kolevzon, A. & Ochsner, K. N. (2010). "Oxytocin selectively improves empathic accuracy." *Psychological Science* 21 (10), 1426–28.

Cardoso, C., Ellenbogen, M. A., Serravalle, L. & Linnen, A.-M. (2013). "Stress-induced negative mood moderates the relation between oxytocin administration and trust: Evidence for the "tend-and-befriend" response to stress?" *Psychoneuroendocrinology* 38 (11), 2800–04.

Grillon, C., Krimsky, M., Charney, D. R., Vytal, K., Ernst, M. & Cornwell, B. (2012). "Oxytocin increases anxiety to unpredictable threat." *Molecular Psychiatry* 18, 958–60.

Guastella, A. J., Einfeld, S. L., Gray, K. M., Rinehart, N. J., Tonge, B. J., Lambert, T. J. & Hickie, I. B. (2010). "Intranasal oxytocin improves emotion recognition for youth with autism spectrum disorders." *Biological Psychiatry* 67 (7), 692–94.

Guzmán, Y. F., Tronson, N. C., Jovasevic, V., Sato, K., Guedea, A. L., Mizukami, H., Nishimori, K. & Radulovic, J. (2013). "Fear-enhancing effects of septal oxytocin receptors." *Nature Neuroscience* 16 (9), 1185–87.

Love, T. M. (2014). "Oxytocin, motivation and the role of dopamine." *Pharmacology, Biochemistry, and Behavior* 119 (April), 49–60.

## 催产素和压力

Heinrichs, M., Baumgartner, T., Kirschbaum, C. & Ehlert, U. (2003). "Social support and oxytocin interact to suppress cortisol and subjective responses to psychosocial stress." *Biological Psychiatry* 54 (12), 1389–98.

Leuner, B., Caponiti, J. M. & Gould, E. (2012). "Oxytocin stimulates adult neurogenesis even under conditions of stress and elevated glucocorticoids." *Hippocampus* 22 (4), 861–68.

Olff, M., Frijling, J. L., Kubzansky, L. D., Bradley, B., Ellenbogen, M. A., Cardoso, C., Bartz, J. A., Yee, J. R. & van Zuiden, M. (2013). "The role of oxytocin in social bonding, stress regulation and mental health: An update on the moderating effects of context and interindividual differences." *Psychoneuroendocrinology* 38 (9), 1883–94.

Rodrigues, S. M., Saslow, L. R., Garcia, N., John, O. P. & Keltner, D. (2009). "Oxytocin receptor genetic variation relates to empathy and stress reactivity in humans." *Proceedings of the National Academy of Sciences* 106 (50), 21437–41.

## 催产素、依恋和发展

Feldman, R., Weller, A., Zagoory-Sharon, O. & Levine, A. (2007). "Evidence for a neuroendocrinological foundation of human affiliation plasma oxytocin levels across pregnancy and the postpartum period predict mother-infant bonding." *Psychological Science* 18 (11), 965–70.

Fries, A. B. W., Shirtcliff, E. A. & Pollak, S. D. (2008). "Neuroendocrine dysregulation following early social deprivation in children." *Developmental Psychobiology* 50 (6), 588–99.

Riem, M. M., van IJzendoorn, M. H., Tops, M., Boksem, M. A., Rombouts, S. A. & Bakermans-Kranenburg, M. J. (2013). "Oxytocin effects on complex brain networks are moderated by experiences of maternal love withdrawal." *European Neuropsychopharmacology* 23 (10), 1288–95.

Strathearn, L., Fonagy, P., Amico, J. & Montague, P. R. (2009). "Adult attachment predicts maternal brain and oxytocin response to infant cues." *Neuropsychopharmacology* 34 (13), 2655–66.

# 压力

## 压力和情绪

Folkman, S. (2007). "The case for positive emotions in the stress process." *Anxiety, Stress & Coping* 21 (1), 3–14.

Folkman, S. & Moskowitz, J. T. (2000). "Stress, positive emotion, and coping." *Current Directions in Psychological Science* 9 (4), 115–18.

Ghosh, S., Laxmi, T. R. & Chattarji, S. (2013). "Functional connectivity from the amygdala to the hippocampus grows stronger after stress." *Journal of Neuroscience* 33 (17), 7234–44.

Lazarus, R. S. (1998). "From psychological stress to the emotions: A history of changing outlooks." *Fifty Years of the Research and Theory of RS Lazarus: An Analysis of Historical and Perennial Issues* (p. 349). New York: Psychology Press.

—— (2000). "Toward better research on stress and coping." *American Psychologist* 55 (6), 665–73.

Ong, A. D., Bergeman, C. S., Bisconti, T. L. & Wallace, K. A. (2006). "Psychological resilience, positive emotions, and successful adaptation to stress in later life." *Journal of Personality and Social Psychology* 91 (4), 730–49.

Raio, C. M., Orederu, T. A., Palazzolo, L., Shurick, A. A. & Phelps, E. A. (2013). Cognitive emotion regulation fails the stress test. *Proceedings of the National Academy of Sciences* 110 (37), 15139–44.

## 压力和心理健康

Aneshensel, C. S., Phelan, J. C. & Bierman, A. (2013). *Handbook of the sociology of mental health, Second edition.* New York: Springer.

Bremner, J. D. (2002). *Does stress damage the brain? Understanding trauma-related disorders from a mind-body perspective.* New York: W. W. Norton & Company.

Everly, J. G. S. & Lating, J. M. (2013). *A clinical guide to the treatment of the human stress response.* New York: Springer.

Glover, V. (2011). "Annual research review: Prenatal stress and the origins of psychopathology: An evolutionary perspective." *Journal of Child Psychology and Psychiatry* 52 (4), 356–67.

Grubaugh, A. L., Zinzow, H. M., Paul, L., Egede, L. E. & Frueh, B. C. (2011). "Trauma exposure and posttraumatic stress disorder in adults with severe mental illness: A critical review." *Clinical Psychology Review* 31 (6), 883–99.

Herbert, J. (1997). "Fortnightly review. Stress, the brain, and mental illness." *BMJ: British Medical Journal* 315 (7107), 530.

Juster, R. P., Bizik, G., Picard, M., Arsenault-Lapierre, G., Sindi, S., Trepanier, L., Marin, M. F., Wan, N., Sekerovic, Z. & Lord, C. (2011). "A transdisciplinary perspective of chronic stress in relation to psychopathology throughout life span development." *Development and Psychopathology* 23 (3), 725–26.

De Kloet, E. R., Joëls, M. & Holsboer, F. (2005). "Stress and the brain: From adaptation to disease." *Nature Reviews Neuroscience* 6 (6), 463–75.

Mazure, C. M. (Ed.) (1995). *Does stress cause psychiatric illness?* Washington D. C.: American Psychiatric Press.

Nestler, E. J. & Hyman, S. E. (2010). "Animal models of neuropsychiatric disorders." *Nature Neuroscience* 13 (10), 1161–69.

Pearlin, L. I. (1999). "Stress and mental health: A conceptual overview." In A. V. Horwitz & T. L. Scheid (Eds.), *A handbook for the study of mental health: Social contexts, theories, and systems* (pp. 161–75). New York: Cambridge University Press.

Rice, F., Harold, G. T., Boivin, J., Van den Bree, M., Hay, D. F. & Thapar, A. (2010). "The links between prenatal stress and offspring development and psychopathology: Disentangling environmental and inherited influences." *Psychological Medicine* 40 (2), 335–45.

Schwartz, S. & Meyer, I. H. (2010). "Mental health disparities research: The impact of within and between group analyses on tests of social stress hypotheses." *Social Science & Medicine* 70 (8), 1111–18.

Thoits, P. A. (2013). "Self, identity, stress, and mental health." In *Handbook of the sociology of mental health, Second edition* (pp. 357–377). New York: Springer.

## 压力和焦虑

Bennett Ao, M. R. (2008). "Stress and anxiety in schizophrenia and depression: glucocorticoids, corticotropin-releasing hormone and synapse regression." *Australian and New Zealand Journal of Psychiatry* 42 (12), 995–1002.

Gerra, G., Zaimovic, A., Zambelli, U., Timpano, M., Reali, N., Bernasconi, S. & Brambilla, F. (2000). "Neuroendocrine responses to psychological stress in adolescents with anxiety disorder." *Neuropsychobiology* 42 (2), 82–92.

Heilig, M. (2004). "The NPY system in stress, anxiety and depression." *Neuropeptides* 38 (4), 213–24.

Heim, C. & Nemeroff, C. B. (2001). "The role of childhood trauma in the neurobiology of mood and anxiety disorders: preclinical and clinical studies." *Biological Psychiatry* 49 (12), 1023–39.

Kikusui, T., Winslow, J. T. & Mori, Y. (2006). "Social buffering: relief from stress and anxiety." *Philosophical Transactions of the Royal Society B: Biological Sciences* 361 (1476), 2215–28.

Lapin, I. P. (2003). "Neurokynurenines (NEKY) as common neurochemical links of stress and anxiety." In Allegri et al. (Ed.), *Developments in Tryptophan and Serotonin Metabolism* (pp. 121–25). New York: Springer.

Maes, M., Song, C., Lin, A., De Jongh, R., Van Gastel, A., Kenis, G., Bosmans, E., De

Meester, I., Benoy, I. & Neels, H. (1998). "The effects of psychological stress on humans: increased production of pro-inflammatory cytokines and Th1-like response in stress-induced anxiety." *Cytokine* 10 (4), 313–18.

Mathew, S. J., Price, R. B. & Charney, D. S. (2008). "Recent advances in the neurobiology of anxiety disorders: Implications for novel therapeutics." *American Journal of Medical Genetics Part C: Seminars in Medical Genetics* 148 (89–98).

McEwen, B. S., Eiland, L., Hunter, R. G. & Miller, M. M. (2012). "Stress and anxiety: Structural plasticity and epigenetic regulation as a consequence of stress." *Neuropharmacology* 62 (1), 3–12.

Schmidt, N. B., Lerew, D. R. & Jackson, R. J. (1997). "The role of anxiety sensitivity in the pathogenesis of panic: prospective evaluation of spontaneous panic attacks during acute stress." *Journal of Abnormal Psychology* 106 (3) 355–64.

Shin, L. M. & Liberzon, I. (2009). "The neurocircuitry of fear, stress, and anxiety disorders." *Neuropsychopharmacology* 35 (1) 169–91.

## 压力和双相障碍

Bender, R. E. & Alloy, L. B. (2011). "Life stress and kindling in bipolar disorder: Review of the evidence and integration with emerging biopsychosocial theories." *Clinical Psychology Review* 31 (3), 383–98.

Bender, R. E., Alloy, L. B., Sylvia, L. G., Urovsevic, S. & Abramson, L. Y. (2010). "Generation of life events in bipolar spectrum disorders: A re-examination and extension of the stress generation theory." *Journal of Clinical Psychology* 66 (9), 907–26.

Eiel Steen, N., Methlie, P., Lorentzen, S., Hope, S., Barrett, E. A., Larsson, S., Mork, E., Almas, B., Løvås, K. & Agartz, I. (2011). "Increased systemic cortisol metabolism in patients with schizophrenia and bipolar disorder: A mechanism for increased stress vulnerability?" *The Journal of Clinical Psychiatry* 72 (11), 1515–21.

Hosang, G. M., Uher, R., Keers, R., Cohen-Woods, S., Craig, I., Korszun, A., Perry, J., Tozzi, F., Muglia, P., McGuffin, P. & Farmer, A. E. (2010). "Stressful life events and the brain-derived neurotrophic factor gene in bipolar disorder." *Journal of Affective Disorders* 125 (1–3), 345–49.

## 压力和抑郁

Anisman, H. & Zacharko, R. M. (1982). "Depression: The predisposing influence of stress." *Behavioral and Brain Sciences* 5 (1), 89–99.

Bartolomucci, A. & Leopardi, R. (2009). "Stress and depression: Preclinical research and clinical implications." *PLoS ONE* 4 (1), e4265.

Caspi, A., Sugden, K., Moffitt, T. E., Taylor, A., Craig, I. W., Harrington, H., McClay, J., Mill, J., Martin, J., Braithwaite, A. & Poulton, R. (2003). "Influence of life stress on depression: Moderation by a polymorphism in the 5-HTT gene." *Science* 301 (5631), 386–89.

Farooq, R. K., Isingrini, E., Tanti, A., Le Guisquet, A. M., Arlicot, N., Minier, F., Lemana, S., Chalona, S., Belzunga, C. & Camus, V. (2012). "Is unpredictable chronic mild stress (UCMS) a reliable model to study depression-induced neuroinflammation?" *Behavioural Brain Research* 231 (1), 130–37.

Hammen, C. (2004). Stress and depression. *Annual Review of Clinical Psychology* 1 (1), 293–319.

Kessler, R. C. (1997). "The effects of stressful life events on depression." *Annual Review of Psychology* 48 (1), 191–214.

Kim, K. S., Kwon, H. J., Baek, I. S. & Han, P. L. (2012). "Repeated short-term (2h×14d) emotional stress induces lasting depression-like behavior in mice". *Experimental Neurobiology* 21 (1), 16–22.

Kubera, M., Obuchowicz, E., Goehler, L., Brzeszcz, J. & Maes, M. (2011). "In animal models, psychosocial stress-induced (neuro)inflammation, apoptosis and reduced neurogenesis are associated to the onset of depression." *Progress in Neuro-Psychopharmacology and Biological Psychiatry* 35 (3), 744–59.

Lucassen, P. J., Meerlo, P., Naylor, A. S., van Dam, A. M., Dayer, A. G., Fuchs, E., Oomen, C. A. & Czéh, B. (2010). "Regulation of adult neurogenesis by stress, sleep disruption, exercise and inflammation: Implications for depression and antidepressant action." *European Neuropsychopharmacology* 20 (1), 1–17.

van Praag, H. M. (2004). "Can stress cause depression?" *Progress in Neuro-Psychopharmacology and Biological Psychiatry* 28 (5), 891–907.

Wager-Smith, K. & Markou, A. (2011). "Depression: A repair response to stress-induced neuronal microdamage that can grade into a chronic neuroinflammatory condition?" *Neuroscience & Biobehavioral Reviews* 35 (3), 742–64.

## 压力和精神分裂症

Giovanoli, S., Engler, H., Engler, A., Richetto, J., Voget, M., Willi, R., Winter, C., Riva, M. A., Mortensen, P. B., Schedlowski, M. & Meyer, U. (2013). "Stress in puberty unmasks latent neuropathological consequences of prenatal immune activation in mice." *Science* 339 (6123), 1095–99.

Holloway, T., Moreno, J. L., Umali, A., Rayannavar, V., Hodes, G. E., Russo, S. J. & González-Maeso, J. (2013). "Prenatal stress induces schizophrenia-like alterations of serotonin 2A and metabotropic glutamate 2 receptors in the adult offspring:

Role of maternal immune system." *Journal of Neuroscience* 33 (3), 1088–98.

Jansen, L. M., Gispen-de Wied, C. C. & Kahn, R. S. (2000). "Selective impairments in the stress response in schizophrenic patients." *Psychopharmacology* 149 (3), 319–25.

Zimmerman, E. C., Bellaire, M., Ewing, S. G. & Grace, A. A. (2013). "Abnormal stress responsivity in a rodent developmental disruption model of schizophrenia." *Neuropsychopharmacology,* 23 (3), 223–39.

## 抗抑郁药物戒断

Miller, M.C. (2001). "Symptoms that start when an antidepressant stops." *The Harvard Mental Health Letter* (February), 7–8.

# 亲 密 关 系

### 《感受爱：在亲密关系中获得幸福的艺术》
作者：[美] 珍妮·西格尔  译者：任楠

阅读本书，你将学会：
识别有哪些障碍让你无法体验到爱，也无法让他人体验到爱。
形成新的思维、感受和行为方式，从而建立情感联结。
改善与生活中每一个人之间的关系，包括家人、朋友和同事。

### 《走出童年情感忽视：如何与伴侣、父母和孩子重建亲密关系》
作者：[美] 乔尼丝·韦布  译者：修子宜 田育骞

本书教你识别和治愈童年情感忽视，培养情绪感知和情感沟通技巧，在与伴侣、父母、孩子的交流中修复童年伤痕，收获更加有质量的亲密关系。

### 《爱的陷阱：如何让亲密关系重获新生》
作者：[澳] 路斯·哈里斯  译者：韩冰 王静 祝卓宏

本书是一本奇妙的书，将指导你以开放的态度，有意识地、专注地面对当下，并根据自己的价值观采取有效的行动，建立更有同情心、更包容、更有爱的关系。

### 《愤怒之舞：亲密关系中情绪表达的艺术》
作者：[美] 哈丽特·勒纳  译者：张梦洁

在这本动人的、极具智慧的书中，勒纳博士教授我们鉴别愤怒的真正源头，把愤怒当作产生持久改变的有力工具。例证与理论完美配合，带你远离无意义的争吵与周旋，迎来崭新的自我和愉悦的关系。好脾气不是最终目的，拥有自我才能拥有关系。

### 《沟通之舞：亲密关系中的语言艺术》
作者：[美] 哈丽特·勒纳  译者：任楠

哈丽特·勒纳博士的书讲述了亲密关系中产生关键影响的因素：情绪、沟通、自我觉察。书中的每个案例都鲜活地呈现在读者眼前，引人不禁思考，在亲密关系中，从自我到他人，从夫妻到家庭，到底谁出了问题呢？无论您是男性还是女性，相信阅读本书后都会找到属于自己的答案。

更多>>>
《关系之舞：既亲密又独立的相处艺术》 作者：[美] 哈丽特·勒纳
《冲突的力量：如何建立安全、稳固和长久的亲密关系》 作者：[美] 埃德·特罗尼克 等
《学会沟通，学会爱：如何消除误解，让亲密关系更稳固》 作者：[美] 阿伦·贝克

豆瓣时间

## 人格心理学重磅作品
### 《成为更好的自己：许燕人格心理学30讲》

【豆瓣时间】同名精品课

北京师范大学心理学部
**许燕 教授**
30年人格研究精华提炼

破译人格密码
构建自我成长方法论

认识自我，理解他人，塑造健康人格

# 原生家庭

### 《母爱的羁绊》
作者：[美] 卡瑞尔·麦克布莱德 译者：于玲娜

爱来自父母，令人悲哀的是，伤害也往往来自父母，而这爱与伤害，总会被孩子继承下来。
作者找到一个独特的角度来考察母女关系中复杂的心理状态，读来平实、温暖却又发人深省，书中列举了大量女儿们的心声，令人心生同情。在帮助读者重塑健康人生的同时，还会起到激励作用。

### 《不被父母控制的人生：如何建立边界感，重获情感独立》
作者：[美] 琳赛·吉布森 译者：姜帆

已经成年的你，却有这样"情感不成熟的父母"吗？他们情绪极其不稳定，控制孩子的生活，逃避自己的责任，拒绝和疏远孩子……
本书帮助你突破父母的情感包围圈，建立边界感，重获情感独立。豆瓣8.8分高评经典作品《不成熟的父母》作者琳赛重磅新作。

### 《被忽视的孩子：如何克服童年的情感忽视》
作者：[美] 乔尼丝·韦布 克里斯蒂娜·穆塞洛 译者：王诗溢 李沁芸

"从小吃穿不愁、衣食无忧，我怎么就被父母给忽视了？"美国亚马逊畅销书，深度解读"童年情感忽视"的开创性作品，陪你走出情感真空，与世界重建联结。
本书运用大量案例、练习和技巧，帮助你在自己的生活中看到童年的缺失和伤痕，了解情绪的价值，陪伴你进行自我重建。

### 《超越原生家庭（原书第4版）》
作者：[美] 罗纳德·理查森 译者：牛振宇

所以，一切都是童年的错吗？全面深入解析原生家庭的心理学经典，全美热销几十万册，已更新至第4版！
本书的目的是揭示原生家庭内部运作机制，帮助你学会应对原生家庭影响的全新方法，摆脱过去原生家庭遗留的问题，从而让你在新家庭中过得更加幸福快乐，让你的下一代更加健康地生活和成长。

### 《不成熟的父母》
作者：[美] 琳赛·吉布森 译者：魏宁 况辉

有些父母是生理上的父母，心理上的孩子。不成熟父母问题专家琳赛·吉布森博士提供了丰富的真实案例和实用方法，帮助童年受伤的成年人认清自己生活痛苦的源头，发现自己真实的想法和感受，重建自己的性格、关系和生活；也帮助为人父母者审视自己的教养方法，学做更加成熟的家长，给孩子健康快乐的成长环境。

更多>>>
《拥抱你的内在小孩（珍藏版）》 作者：[美] 罗西·马奇-史密斯
《性格的陷阱：如何修补童年形成的性格缺陷》 作者：[美] 杰弗里·E.杨 珍妮特·S.克罗斯科
《为什么家庭会生病》 作者：陈发展